电力氢能
科技前沿报告

中国电力科学研究院有限公司
中国科学院科技战略咨询研究院　著
中国科学院武汉文献情报中心

科学出版社
北京

内 容 简 介

本书聚焦电力氢能领域的电解制氢、大容量长周期储氢、电力用氢和电氢耦合4个技术方向及14项关键技术，采用“定量分析＋定性研判”方法，对电力氢能领域前沿趋势进行分析研判。一方面，基于论文文献、专利文献、战略规划、资助项目等的定量分析，客观揭示全球与我国电力氢能科技的战略布局、基础研究和技术开发情况；另一方面，邀请国内电力氢能领域知名专家进行专题访谈，从领域科学家视角分析氢能科技前沿发展情况。

本书力图客观揭示电力氢能领域发展趋势和前沿方向，并对我国电力氢能发展提出建议，可作为电力氢能相关领域高校师生、科研人员和管理人员的参考用书，或为政府部门制定政策提供参考。

图书在版编目（CIP）数据

电力氢能科技前沿报告 / 中国电力科学研究院有限公司, 中国科学院科技战略咨询研究院, 中国科学院武汉文献情报中心著. — 北京 : 科学出版社, 2024.12

ISBN 978-7-03-078241-0

Ⅰ.①电… Ⅱ.①中… ②中… ③中… Ⅲ.①氢能—科学技术—技术报告 Ⅳ.①TK91

中国版本图书馆CIP数据核字（2024）第059991号

责任编辑：石　卉　高雅琪 / 责任校对：韩　杨
责任印制：师艳茹 / 书籍设计：北京美光设计制版有限公司

科学出版社出版
北京东黄城根北街16号
邮政编码：100717
http://www.sciencep.com
北京中科印刷有限公司印刷
科学出版社发行　各地新华书店经销
*
2024年12月第　一　版　开本：720 × 1000　1/16
2024年12月第一次印刷　印张：10 1/4
字数：206 000

定价：118.00元

（如有印装质量问题，我社负责调换）

编委会

主　编：赵　鹏　潘教峰　刘　清

副主编：高克利　张　凤　蒋迎伟

郭剑锋　陈　伟

成　员：闫华光　陈晓怡　岳　芳

刘　津　殷　禹　赵　强

周　静

工作组：康建东　韩　笑　肖　铮

万金明　张　准　李俊辉

李　扬　刘章丽　王莉晓

曹　琪　周　杰　刘昌新

刘　丰　刘　澌

前　言

氢能是应对全球气候变化、实现碳中和目标、保障国家能源安全和推动经济社会可持续发展的重要战略选择。随着各国脱碳需求日益迫切，氢能科技和产业发展掀起热潮，氢能已成为未来技术、产业竞争新的制高点之一。在能源转型背景下，氢能作为连接气、电、热等不同能源形式的桥梁，将与电力形成协同互补、耦合发展的关系，在构建新型能源体系和电力系统中发挥重要作用。

本书聚焦电力氢能领域的电解制氢、大容量长周期储氢、电力用氢和电氢耦合 4 个技术方向及 14 项关键技术，采用“定量分析 + 定性研判”的方法，将多源情报数据的定量分析结果与专家访谈的定性研判结果相结合，对电力氢能领域的研究前沿进行分析研判。一方面，基于科学网络数据库（Web of Science Database）、incoPat、CORDIS 等学术数据库和开源情报信息，从战略规划、项目部署、论文成果和专利产出等维度，对 2003—2022 年（以 2018—2022 年为重点）的各类数据进行定量分析，客观揭示全球与我国电力氢能科技的战略布局、基础研究和技术开发情况。另一方面，邀请国内电力氢能领域知名专家进行专题访谈，从领域科学家视角分析全球及我国的电力氢能科技前沿发展情况，为研判电力氢能科技前沿趋势、提出我国发展建议提供参考。最后，本书结合定量分析与定性研判结果，客观揭示电力氢能领域发展趋势和前沿方向，并对未来我国电力氢能的发展提出建议。

全书共分为 7 章。第 1 章介绍电力氢能研究前沿识别方法；第 2—6 章分别对电力氢能领域总体发展趋势及电解制氢、大容量长周期储氢、电力用氢、电氢耦合 4 个技术方向，基于国际战略规划、项目部署、科研论文和发明专利数据进行定量和定性分析，总结全球及重点国家的技术布局重点、优势研发力量、基础研究态势和技术开发态势；第 7 章整合访谈专家意见分析全球氢能发展方向及提出中国氢能发展建议，并结合前 6 章研究结果，总结全球电力氢能发展趋势及提出中国电力氢能技术发展路径的布局建议。

本书由中国电力科学研究院科技专著出版基金资助，相关研究得到了中国电力科学研究院有限公司、中国科学院科技战略咨询研究院、中国科学院武汉文献情报中心等单位相关领导、专家的支持和帮助。中国工程院彭苏萍院士、德国国家工程院雷宪章院士、清华大学毛宗强教授、中国科学院大连化学物理研究所俞红梅研究员、国家有色金属新能源材料与制品工程技术研究中心蒋利军主任、中国地质大学程寒松教授、中国科学院武汉岩土力学研究所王同涛研究员、国家新能源汽车技术创新中心梁晨教授级高级工程师、华中科技大学夏宝玉教授、清华大学能源互联网创新研究院康重庆院长、中国科学院大连化学物理研究所孙剑研究员、华北电力大学刘建国教授、清华四川能源互联网研究院智慧氢能实验室林今主任作为访谈与评议专家，对本书提供了许多有价值、有启发的见解，在此一并表示感谢！

由于作者的知识和经验有限，疏漏不足之处敬请广大读者批评指正！

《电力氢能科技前沿报告》编委会

2024 年 6 月

目录

前言……i

第1章 电力氢能研究前沿识别方法概述

1.1 研究背景……2
1.2 研究方法框架设计……4
1.3 战略规划和项目布局分析方法……5
1.3.1 分析框架……5
1.3.2 战略规划检索与分析方法……6
1.3.3 项目数据检索与分析方法……6
1.4 科研论文和发明专利分析方法……9
1.4.1 分析框架……9
1.4.2 研究前沿主题识别方法……10

第2章 电力氢能领域总体发展趋势分析

2.1 国际氢能战略规划布局分析……16
2.1.1 全球氢能战略总览……16
2.1.2 重点国家电力氢能战略解读……22
2.2 国际氢能项目部署分析……36
2.2.1 全球氢能项目技术布局分析……36
2.2.2 重点国家氢能项目技术布局比较……38
2.2.3 重点国家氢能研发力量概览……48
2.3 氢能基础研究态势分析……51
2.3.1 全球研究态势分析……51
2.3.2 中国研究态势分析……53
2.3.3 国家对比分析……55
2.3.4 研究前沿主题分析……55
2.4 电力氢能技术开发态势分析……59
2.4.1 全球技术开发态势分析……59

2.4.2 中国技术开发态势分析……61
2.4.3 国家对比分析……62
2.4.4 技术布局重点方向分析……65
2.5 技术发展趋势……67

第 3 章
电解制氢技术发展趋势分析

3.1 战略规划布局分析……70
3.2 项目技术布局分析……71
3.1.1 重点国家项目演变趋势……71
3.1.2 重点国家项目布局对比……71
3.1.3 项目主要研发力量……72
3.3 基础研究态势分析……74
3.3.1 全球研究态势分析……74
3.3.2 中国研究态势分析……75
3.3.3 国家对比分析……77
3.3.4 研究前沿主题分析……78
3.4 技术开发态势分析……80
3.4.1 全球技术开发态势分析……80
3.4.2 中国技术开发态势分析……81
3.4.3 国家对比分析……83
3.4.4 技术布局重点方向分析……85
3.5 技术发展趋势……87

第 4 章
大容量长周期储氢技术发展趋势分析

4.1 战略规划布局分析……90
4.2 项目技术布局分析……91
4.2.1 重点国家项目演变趋势……91
4.2.2 重点国家项目布局对比……91
4.2.3 项目主要研发力量……92
4.3 基础研究态势分析……93
4.3.1 全球研究态势分析……93
4.3.2 中国研究态势分析……94

4.3.3 国家对比分析……96
4.3.4 研究前沿主题分析……97
4.4 技术开发态势分析……98
4.4.1 全球技术开发态势分析……98
4.4.2 中国技术开发态势分析……99
4.4.3 国家对比分析……101
4.4.4 技术布局重点方向分析……103
4.5 技术发展趋势……105

第5章 电力用氢技术发展趋势分析
5.1 战略规划布局分析……108
5.2 项目技术布局分析……109
5.2.1 重点国家项目演变趋势……109
5.2.2 重点国家项目布局对比……109
5.2.3 项目主要研发力量……110
5.3 基础研究态势分析……112
5.3.1 全球研究态势分析……112
5.3.2 中国研究态势分析……114
5.3.3 国家对比分析……115
5.3.4 研究前沿主题分析……116
5.4 技术开发态势分析……118
5.4.1 全球技术开发态势分析……118
5.4.2 中国技术开发态势分析……119
5.4.3 国家对比分析……121
5.4.4 技术布局重点方向分析……123
5.5 技术发展趋势……125

第6章 电氢耦合技术发展趋势分析
6.1 战略规划布局分析……128
6.2 项目技术布局分析……129
6.2.1 重点国家项目演变趋势……129
6.2.2 重点国家项目布局对比……129

6.2.3 项目主要研发力量……130
6.3 基础研究态势分析……131
6.3.1 全球研究态势分析……131
6.3.2 中国研究态势分析……132
6.3.3 国家对比分析……133
6.3.4 研究前沿主题分析……134
6.4 技术开发态势分析……136
6.4.1 全球技术开发态势分析……136
6.4.2 中国技术开发态势分析……137
6.4.3 国家对比分析……138
6.4.4 技术布局重点方向分析……141
6.5 技术发展趋势……143

第 7 章 结论与建议
7.1 专家访谈分析结论……146
7.1.1 全球氢能发展方向……146
7.1.2 中国氢能发展建议……148
7.2 小结……151
7.2.1 全球电力氢能发展趋势……151
7.2.2 中国电力氢能技术发展路径布局建议……152

第 1 章

电力氢能研究前沿识别方法概述

1.1 研究背景

氢能作为一种新型能源，与传统化石能源相比，具有清洁零碳、灵活高效、多能转换、应用场景丰富等优点，是应对全球气候变化、实现碳中和目标、保障国家能源安全和推动经济社会可持续发展的重要战略选择。随着各国脱碳需求日益迫切，氢能在全球范围内的热度持续上升。截至 2023 年 6 月，全球已有 34 个国家以及欧盟发布了氢能相关战略。中国于 2022 年 3 月正式印发《氢能产业发展中长期规划（2021—2035 年）》[①]，对氢能发展做出顶层设计，首次明确了氢能是未来国家能源体系的组成部分，确定以可再生能源制氢为主要发展方向，并对系统构建氢能产业创新体系、统筹建设氢能基础设施、有序推进氢能多元化应用、建立健全氢能政策和制度保障体系进行了部署。

在能源转型背景下，波动性可再生能源的大规模接入对电力系统的电力电量平衡、跨区域大范围优化调度、电能长时间跨季节存储、电能质量保障等提出了巨大挑战，迫切需要在新型电力系统中得到解决。氢能作为连接气、电、热等不同能源形式的桥梁，将与电力形成互补协同、耦合发展的关系。氢能在新型电力系统中将发挥重要作用，主要体现在：氢能是促进新能源消纳的重要载体，利用新能源制氢可有效提升新能源消纳水平；氢储能具有储能容量大、储存时间长、清洁无污染等优点，能够在电化学储能不适用的场景中发挥优势，在大容量长周期调节的场景中更具有竞争力；氢能是新型电力系统灵活调节的重要手段，先进的电解制氢装备具有较宽的功率波动适应性，可实现输入功率秒级甚至毫秒级响应，能够为电网提供调峰调频等辅助服务；氢能是拓展电能利用、促进能源互联互通的重要桥梁，氢能作为灵活高效的二次能源，在能源消费端可以利用电解槽和燃料电池，通过电氢转换，实现电力、供热、燃料等多种能源网络的互联互通和协同优化。

---

① 国家发展改革委，国家能源局 . 氢能产业发展中长期规划（2021—2035 年）. http://zfxxgk.nea.gov.cn/2022-03/23/c_1310525630.htm[2024-03-20].

对全球及中国电力氢能领域关键技术的研发进展和趋势进行科学分析，有助于研判未来电力氢能领域科技前沿和发展趋势，揭示中国的优势与不足，为全球和中国电力氢能技术的研发和部署提供科学依据，助力新型电力系统建设，实现清洁能源转型目标。

1.2 研究方法框架设计

本书遵循“收集数据—揭示信息—综合研判—形成方案”的智库研究思路和路线，文献调研和专家咨询并重，基于国际战略规划、项目部署、科研论文和发明专利等数据进行了定量和定性分析，以期明确全球及重点国家的技术布局重点、优势研发力量、基础研究态势和技术开发态势。同时，以线上和线下相结合的方式，对国内外电力氢能领域的资深专家学者进行深度访谈，从领域专家视角提出氢能技术国内外发展态势、关键科学和技术问题、发展预期和政策研判。最后，经课题组综合研判，形成结论和建议。

在技术选择方面，本书围绕电力氢能领域创新链的氢能制、储、用等关键环节，选择电解制氢、大容量长周期储氢、电力用氢、电氢耦合 4 个技术方向及 14 项关键技术（表 1.1）作为分析对象，以揭示电力氢能领域的科技前沿及发展趋势。

表 1.1 电力氢能领域 4 个技术方向及 14 项关键技术

技术方向	关键技术
电解制氢	质子交换膜电解制氢
	固体氧化物电解制氢
	阴离子交换膜电解制氢
大容量长周期储氢	低温液态储氢
	金属固态储氢
	有机液体储氢
	地质储氢
电力用氢	质子交换膜燃料电池
	固体氧化物燃料电池
	热电联产
	氢燃气轮机
电氢耦合	电力多元转换（Power-to-X）
	风光制氢
	氢能与电网互动

1.3 战略规划和项目布局分析方法

1.3.1 分析框架

本书关注全球电力氢能战略规划和项目布局整体趋势以及重点国家发展特点，重点聚焦2017—2022年全球电力氢能布局情况，并对美国、日本、德国、法国、英国和中国等 6 个重点国家进行比较分析。

1. 战略规划分析

本书揭示全球发展趋势并剖析重点国家特点。梳理全球 35 个国家和机构的氢能战略规划，从时间和空间两个尺度，形成全球氢能战略规划发布时间轴和布局地图。从发展目标、发展模式、发展路径等维度，揭示 2017 年以来全球氢能战略规划的整体发展趋势。通过重点解读与对比分析 6 个国家的氢能战略规划，从发展目标、重点发展方向、电力氢能技术部署等角度，揭示单个国家电力氢能布局特点及 6 个国家共同部署重点。

2. 项目布局分析

本书分析全球技术布局演变趋势、重点国家部署特点、重点国家优势研发力量。基于项目数据主题聚类，重点呈现 2018—2022 年全球氢能项目在电力氢能 4 个技术方向及 14 项关键技术的共同关注热点和演变趋势，并在每个技术方向呈现 6 个国家的项目比重。从国家和技术方向两个维度，分析重点国家电力氢能项目布局重点与发展趋势、关键技术下各国布局共性与差异性特点。基于项目牵头机构、参与机构承担氢能项目的频次统计，以大学 / 科研机构、企业、产学研联盟等类别，展示重点国家和各技术方向氢能优势研发力量。

1.3.2 战略规划检索与分析方法

1. 数据检索

制定基于国别的情报检索方案，从各国政府部门（能源主管部门、科技主管部门等）、重点研发机构、资助机构、国际组织等官方门户网站，以及互联网定向检索，获取 2017 年以来全球 35 个重点国家和机构的氢能战略规划等多语言文本数据。

2. 数据标准化处理

首先，将多语言文本统一翻译为中文；其次，根据分析需要确定“国家”“战略规划名称（原名称、中文名称）”“发布时间”“战略规划周期”“主要目标”“主要方向”“发展阶段”“投入金额”“报告来源”等信息字段；最后，在文本中利用关键词进行针对式查找和整理，补全信息字段。

3. 数据分析与可视化

运用文本分析方法提炼全球氢能战略规划关键信息，进行总结对比与重点解读。采用布局地图、时间轴等方式对全球氢能战略规划进行鸟瞰式分析。

1.3.3 项目数据检索与分析方法

1. 数据检索

由于全球电力氢能项目暂无通用的数据库，需针对不同国家的国情采取分别检索，通过政府门户网站检索、数据库检索、Python 网络爬虫技术等方式检索获取项目数据 3482 条。其中，中国氢能项目数据来源于科学技术部发布的 2018—2020 年“可再生能源与氢能技术”重点专项及 2021—2022 年“氢能技术”重点专项；美国氢能项目数据来源于 2018—2021 年美国能源部（United States Department of Energy，DOE）颁布的 H2@Scale 计划以及 2021 年支持氢能发展资助方案；日本项目数据主要来源于日本新能源产业技术综合开发机构（New Energy and Industry Technology Development Organization，NEDO）成果报告数据库；德国、法国及英国项目数据来源于欧盟研发框架计划数据库 CORDIS。

2. 数据清洗

对获取的初始数据进行处理。第一，确定信息字段。对所有数据设定所需信息字段，并去除多余信息字段，最终确定“国别”“项目名称”“项目来源”“项目性质”“项目简介”“开始时间”“结束时间”“项目资金”“技术方向”“关键技术”“项目牵头单位及合作者”“项目链接”12 个字段。第二，补充缺失信息。通过项目报告文本分析、扩展检索等手段对字段缺失值进行填充。第三，项目技术分类。基于电力氢能领域 4 个技术方向及 14 项关键技术，通过机器学习算法、人工判读和专家咨询确定每个项目的技术分类。经数据清洗后，基于数据完整性、代表性和可比性原则，选取 642 条项目数据进行分析。

3. 数据标准化处理

由于氢能项目数据来源不同，需对各国数据进行标准化处理，将其转化为同一量纲的数值，从而横向比较得到全球氢能技术布局趋势。以 2018—2022 年项目总数最多的日本数据为基准值，对其他国家各关键技术占该国项目总数比重按比例放缩。处理后的数据分子表示该国 2018—2022 年项目总数为基准值时的各关键技术项目数值。以标准化后的数据分子值为标准，分别计算 14 项关键技术中每个国家在该技术的项目数所占比例。计算方式为：某国在某年关键技术的项目数占比 = 某国在某年该关键技术项目数 /6 个国家在该年该关键技术项目总数。

4. 数据可视化

使用 VOSviewer 可视化工具对聚类数据绘制热力图，热力图上某个区域颜色越深，表示该领域部署项目越多。为了更加清晰地反映每个技术方向下重点国家布局情况，在每个技术方向内添加各国项目占全球比重饼图。

聚类方法为：以技术领域为节点名称，某年标准化后的项目数值为

节点大小，相同技术领域为聚类依据。其相互关系可表示为：用 i、j 表示国家，k、m 表示关键技术，K、M 表示技术方向，V_{ik} 表示国家 i 在关键技术 k 水平上拥有的项目数，则其占各个关键技术 k 中所有国家项目数之和的比例 P_{ik} 为

$$P_{ik}=\frac{V_{ik}}{\sum_{i=1}^{6} V_{ik}} \tag{1-1}$$

基于国别分类：

$$W_{(ik,\, im)}=S(k\neq \mathrm{m};\, K\neq M) \tag{1-2}$$

$$W_{(ik,\, im)}=L(k\neq \mathrm{m};\, K\neq M) \tag{1-3}$$

$$W_{(ik,\, jm)}=0(i\neq j) \tag{1-4}$$

其中，$W_{(ik,\, jm)}$ 表示国家 i 关键技术 k 所代表节点与国家 j 关键技术 m 所代表节点的联系的权重；S 表示较弱的联系；L 表示较强的联系，$S-L<0$。

基于项目分类：

$$W_{(ik,\, jm)}=S(k\neq m;\, K=M) \tag{1-5}$$

$$W_{(ik,\, jk)}=L(i\neq j) \tag{1-6}$$

$$W_{(ik,\, jm)}=0(k\neq m,\, K\neq M) \tag{1-7}$$

其中，$S-L<0$。

1.4 科研论文和发明专利分析方法

1.4.1 分析框架

本书从全球数据切入，关注中国电力氢能技术的研究特点，从全球和中国两个视角提出未来电力氢能领域应重点关注的科技前沿。重点关注 2018—2022 年电力氢能技术研究进展，利用关键词检索的方式，获取全球电力氢能不同技术方向共计 21 831 篇科研论文和 8612 项发明专利 [①]，并对 2003—2022 年的电力氢能技术研发进行回溯，以从长时间尺度 [②] 对技术发展趋势进行分析。

在科研论文定量分析方面，用论文发文量、复合增长率等表征基础研究发展趋势，用论文篇均被引频次、高被引论文 [③] 发文量等表征基础研究影响力，并对不同技术方向进行领先国别对比。同时，本书采用了前沿主题测度综合指标体系 [④]，包括主题新颖度、主题强度、主题影响力、主题增长度等指标，对隐含狄利克雷分布（latent Dirichlet allocation，LDA）主题模型识别的研究论文主题进行综合评估，以识别电力氢能领域各项关键技术的研究前沿主题。

在发明专利定量分析方面，基于专利申请量及受理量、复合增长率等表征技术开发发展趋势，基于高价值专利 [⑤] 申请量、高价值专利产出率 [⑥] 等表征核心技术竞争力。对不同技术方向进行领先国别的专利申请趋势对比和专利流向分析。同时，通过对发明专利的关键词聚类、国际专利分类（international patent classification，IPC）分析等，明晰技术布局的重点主题及方向。

---

① 论文检索自全球知名期刊引文数据库 Web of Science，专利检索自全球专利综合文献数据库 incoPat。

② 2002—2021 年共计 55 767 篇研究论文和 25 222 项同族专利。

③ 本书中将在指定发表时间范围内，特定关键技术发表的所有科研论文按被引频次排序，选取排在前 10% 的论文作为高被引论文。

④ 陈稳，陈伟 . 2022. 科学与技术对比视角下的前沿主题识别与演化分析 . 情报杂志 ,41(1): 67-73, 163.

⑤ 高价值专利为 incoPat 数据库中专利价值度为 9、10 的专利。

⑥ 高价值专利产出率指所申请高价值专利在其申请所有专利的占比。

下节将重点介绍研究前沿主题的测度指标及识别方法。

1.4.2 研究前沿主题识别方法

本书采用LDA主题模型对各项关键技术相关科研论文进行主题挖掘，获得文档—主题矩阵以及各主题的支持文档数据集，在此基础上，进一步计算各个主题的前沿主题综合指数，通过主题排名获得前沿主题。研究前沿主题识别技术路线如图1.1所示。

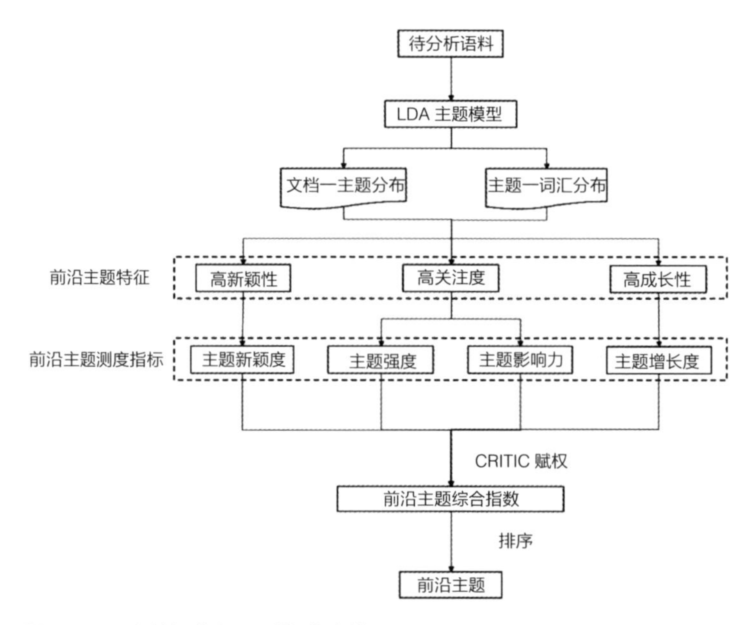

图 1.1　研究前沿主题识别技术路线

1.　研究主题挖掘

本书采用LDA主题模型对各项关键技术相关科研论文进行主题挖掘，通过计算困惑度（perplexity）来确定模型最优主题数，进而得到主题—词汇矩阵与文档—主题矩阵。文档—主题矩阵显示了每篇文档对每个研究主题的支持度，若文档由某一主题生成的概率高于支持度阈值，则将该文档作为该主题的支持文档[①]，为后续分析奠定基础。

① 江秋菊 . 2019. 融入主题和时间因素的文献影响力评价研究 . 情报科学 , 37(6): 96-100, 145.

2. 前沿主题测度指标

前沿主题应该具备高新颖性、高关注度、高成长性 3 个显著特征。针对这 3 个特征，采用主题新颖度、主题强度、主题影响力、主题增长度 4 个测度指标进行前沿主题识别（表 1.2）。其中，主题新颖度指标从时间角度分析主题新颖性，识别具有高新颖性的主题；主题强度指标与主题影响力指标分别从文献集中度及文献引用角度综合分析主题的关注度；主题增长度指标从科研成果数量角度测度主题的成长趋势，识别具有高成长性的主题。

表 1.2　前沿主题测度指标计算方法

前沿主题特征	测度指标	指标内容
高新颖性	主题新颖度	科研论文发表时间
高关注度	主题强度	科研论文文献支持度
	主题影响力	科研论文被引次数
高成长性	主题增长度	科研论文文献增长率

近期发表的研究成果往往新颖性较高，因此主题新颖度由主题相关文档的平均出现时间表示。主题新颖度的计算方法如下：

$$N_j = \sum_{i=1}^{N_s} \frac{T_i}{N_s} \tag{1-8}$$

其中，N_j 为第 j 个主题的新颖度；T_i 为第 i 篇文献的出现时间，科技规划数据为其发布时间，基金项目数据为其立项时间，期刊论文数据为其出版时间，技术专利数据则为其公开时间；N_s 为主题支持文档数量。

主题强度反映了主题在研究领域中的热门程度，可用来表示主题受关注程度，常规的主题强度大多是根据主题文档数量计算的，但一篇文档可能有多个主题，其中部分主题并非文档的主要研究主题，本书使用主题支持文档的平均支持度表示主题强度[①]，计算方式如下：

$$S_j = \frac{\sum_{i=1}^{N_s} S_i}{N_s} \tag{1-9}$$

① 张鑫，文奕，许海云，等. 2020. Prophet 预测—修正的主题强度演化模型——以干细胞领域为实证. 图书情报工作，64(8): 78-92.

其中，S_j 为主题 j 的主题强度；S_i 为该主题第 i 篇支持文档对主题 j 的支持度；N_s 为主题支持文档数量。

论文的被引频次可以体现论文的学术影响力，考虑到不同主题簇大小不同，本书采用论文篇均被引频次衡量主题学术影响力。论文的被引频次存在时间累积性，早期发表的论文往往具有更高的被引频次。为了测度主题对目前学术研究的影响力，需要在主题影响力的测度中纳入时间参数，以凸显发文时间较晚文献的影响力，时间权重设为 t_i，计算方式如式（1-10）。

$$t_i = \frac{2i}{n(n+1)} \tag{1-10}$$

其中，t_i 表示第 i 年的论文被引频次时间权重；n 为分析数据集的年份跨度。

前沿主题学术影响力计算方式如式（1-11）。

$$A_{sj} = \frac{\sum_{i=1}^{n}(t_i \times C_i)}{N_s} \tag{1-11}$$

其中，A_{sj} 为主题 j 的学术影响力；C_i 为该主题论文于第 i 年的被引频次；N_s 为主题支持文档数量。

前沿主题具有发展潜力，因此其相关文档数量应该逐年递增。在前沿主题的识别中，近年的文献增长更具有分析价值，因此需要对不同单位时间下的文献增长赋予时间权重 t_i[①]，以使近年文献增长具有更高权重，t_i 计算方式同式（1-10），前沿主题增长度计算方法如下：

$$\mathrm{YGR}_i = \frac{P_{i+1} - P_i}{P_i + 1} \tag{1-12}$$

$$G_j = \sum_{i=1}^{n}(t_i \times \mathrm{YGR}_i) \tag{1-13}$$

其中，YGR_i 为第 i 年文献增长率；P_i 为第 i 年该主题支持文档数量；G_j 为主题 j 的主题增长度；n 为分析数据集的年份跨度。

3. 前沿主题综合指数计算

由于各个测度指标的数量级别差距较大，为了增加前沿主题识别结

---

① 谢瑞霞，李秀霞，赵思喆. 2019. 基于时间异质性和期刊影响因子的论文学术影响力评价指标. 情报杂志，38(4): 105-110.

果的准确性，需要对直接计算得出的指标值进行标准化处理。主题新颖度、主题增长度、主题影响力、主题强度 4 个指标都是正向指标，因此均采用正向离差标准化：

$$Y_i = \frac{X_i - X_{\min}}{X_{\max} - X_{\min}} \tag{1-14}$$

其中，Y_i 为标准化后的指标值；X_i 为指标的原始值；$X_{\max}$、$X_{\min}$ 分别为指标的最大值和最小值。

本书采用基于指标相关性的权重赋权（criteria importance though intercrieria correlation，CRITIC）法对前沿主题测度指标进行赋权，通过计算指标的对比强度和冲突性对指标赋予客观权重。对比强度是指同一指标取值的差异大小，通过计算指标的标准差得到；冲突性与指标之间的相似度呈负相关，指标的对比强度越大、冲突性越高，则该指标信息量越大，该指标也就越重要[①]。CRITIC 法计算公式如下：

$$\mathrm{CR}_j = \delta_j \sum_{i=1}^{n} (1 - r_{ij}) \tag{1-15}$$

其中，CR_j 表示指标 j 的信息量；δ_j 表示指标 j 的标准差；r_{ij} 表示指标 i 和指标 j 的相关系数；n 表示指标个数。最后将 CR_j 归一化，如式（1-16），则得到指标 j 的客观权重 W_j。

$$W_j = \frac{\mathrm{CR}_j}{\sum_{j=1}^{n} \mathrm{CR}_j} \tag{1-16}$$

最后，根据 CRITIC 法得到的指标权重和各测度指标标准化值计算得到前沿主题综合指数，其计算方式如式（1-18）。

$$\text{Frontier} = W_N N_j + W_S S_j + W_A A_j + W_G G_j \tag{1-17}$$

其中，Frontier 为前沿主题综合指数；W_N、W_S、W_A、W_G 分别为主题新颖度、主题强度、主题影响力、主题增长度的指标权重。按照前沿主题综合指数对主题进行排名，取排名靠前的若干个主题为前沿主题。

---

① 邓启平，陈卫静，张玲玲，等. 2020. 基于多维特征测度的人工智能领域研究前沿分析. 情报杂志，39(3): 56-62.

第 2 章
电力氢能领域总体发展趋势分析

本章重点针对电力氢能总体领域进行分析，包括电解制氢、大容量长周期储氢、电力用氢、电氢耦合 4 个技术方向，基于国际战略规划、项目部署、科研论文和发明专利等数据进行定量和定性分析，明确全球及重点国家的技术布局重点和优势研发力量，揭示全球及中国的基础研究态势和技术开发态势。

2.1 国际氢能战略规划布局分析

本节梳理全球氢能战略规划，从发展目标、发展模式、发展路径等维度揭示 2017 年以来全球氢能战略规划的整体发展趋势；重点解读与对比分析中国、美国、日本、德国、法国、英国 6 个国家以及欧盟的氢能战略规划，从发展目标、重点发展方向、电力氢能技术部署等角度揭示 6 个国家以及欧盟电力氢能布局特点及共同部署重点。

2.1.1 全球氢能战略总览

国际能源署《2023 年全球氢能评论》（Global Hydrogen Review 2023）指出，2022 年全球氢气使用量达到历史新高，为 9500 万吨。氢能已受到世界各国的广泛重视，大量国家发布氢能相关战略规划，面向 2030 年、2050 年等关键时间节点设置发展目标，选择全产业链布局或重点布局等发展路径，从实现脱碳发展、保障能源安全、刺激经济增长等需求出发谋划氢能发展。

1. 截至 2023 年 6 月，全球有 34 个国家以及欧盟发布了氢能战略规划

随着能源转型需求的日益迫切和新能源科技的不断进步，多个国家将氢能列为重点发展战略之一。全球氢能战略发布时间轴如图 2.1 所示。2017 年日本率先提出《氢能基本战略》（《水素基本戦略》），2019 年陆续有其他国家提出国家层面的氢能战略规划，2020 年和 2021 年全球氢能战略发布达到高峰期。截至 2023 年 6 月，全球已有 34 个国家（包括 17 个欧洲国家、6 个亚洲国家、5 个南美洲国家、2 个北美洲国家、2 个非洲国家和 2 个大洋洲国家）以及欧盟发布氢能相关战略，并且这些国家的国内生产总值（gross domestic product，GDP）总和约占世界经济总量的 83%。进入 2023 年，美国、日本、德国、法国等氢能发展领先国家对氢能战略进行了更新。全球氢能战略具体详情见表 2.1。

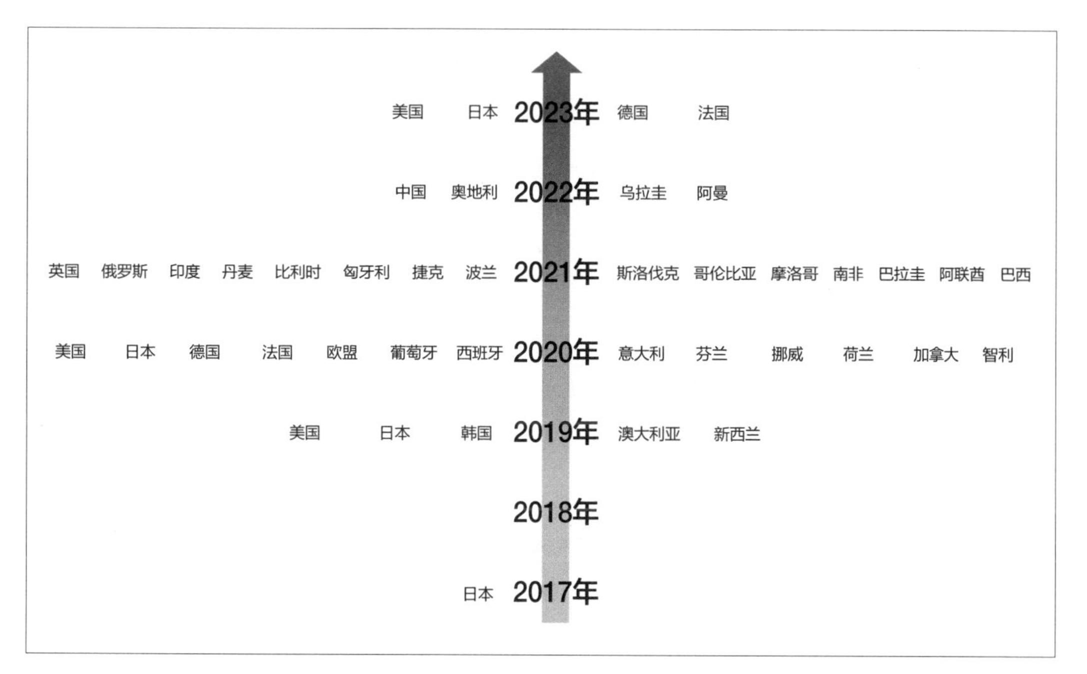

图 2.1 全球氢能战略发布时间轴

表 2.1 全球氢能战略概览

国家（机构）	战略规划	发布时间	规划年限
亚洲			
中国	《能源技术革命创新行动计划（2016—2030 年）》[①]	2016 年 6 月	2030 年
	《“十四五”能源领域科技创新规划》[②]	2021 年 11 月	2025 年
	《氢能产业发展中长期规划（2021—2035 年）》	2022 年 3 月	2035 年
日本	《氢能基本战略》	2017 年 12 月	2050 年
	《氢 / 燃料电池战略路线图》（水素・燃料電池戦略ロードマップ）	2019 年 6 月	2030 年
	《2050 年碳中和绿色增长战略》（2050 年カーボンニュートラルに伴うグリーン成長戦略）	2020 年 12 月	2050 年
	《氢能基本战略》（2023 年修订版）	2023 年 6 月	2050 年
韩国	《氢能经济发展路线图》（Hydrogen Economy Roadmap）	2019 年 1 月	2040 年
印度	《国家氢能使命》（National Hydrogen Mission）	2021 年 8 月	2030 年

① 国家发展改革委，国家能源局．能源技术革命创新行动计划（2016—2030 年）. https://www.gov.cn/xinwen/2016-06/01/content_5078628.htm[2024-03-20].

② 国家能源局，科学技术部．“十四五”能源领域科技创新规划．https://www.gov.cn/zhengce/zhengceku/2022-04/03/content_5683361.htm[2024-03-20].

续表

国家（机构）	战略规划	发布时间	规划年限
阿曼	《阿曼有序过渡至净零排放的国家战略》（The Sultanate of Oman's National Strategy for an Orderly Transition to Net Zero）	2022年11月	2040年
阿联酋	《阿联酋氢能领导路线图》（UAE Hydrogen Leadership Roadmap）	2021年11月	2050年
	欧洲		
欧盟	《欧盟氢能战略》（A Hydrogen Strategy for a Climate-Neutral Europe）	2020年7月	2050年
	“REPowerEU”能源计划	2022年5月	2030年
德国	《国家氢能战略》（Die Nationale Wasserstoffstrategie）	2020年6月	2030年
	《国家氢能战略》（2023年修订版）（Fortschreibung der Nationalen Wasserstoffstrategie）	2023年7月	2030年
法国	《法国国家无碳氢能发展战略》（Stratégie Nationale Pour le Développement de l'Hydrogène Décarboné en France）	2020年9月	2030年
英国	《英国氢能战略》（UK Hydrogen Strategy）	2021年8月	2030年
葡萄牙	《葡萄牙国家氢能战略》（Portugal National HydrogenStrategy）	2020年5月	2030年
西班牙	《氢能路线图：对可再生氢的承诺》（Hoja de Ruta Del Hidrogeno: Una Apuesta Por El Hidrogeno Renovable）	2020年10月	2050年
意大利	《国家氢能战略初步指南》（Strategia Nazionale Idrogeno Linee Guida Preliminari）	2020年11月	2050年
芬兰	《国家氢能路线图》（National Hygrogen Roadmap）	2020年11月	2030年
丹麦	《政府Power-to-X战略》（The Government's Strategy for Power to X）	2021年	2030年
挪威	《挪威政府氢能战略——迈向低碳社会》（The Norwegian Government's Hydrogen Strategy Towards a Low Emission Society）	2020年3月	2050年
比利时	《氢能愿景和战略》（Vision et Stratégie Hydrogène）	2021年10月	2050年
荷兰	《政府氢能战略》（Government Strategy on Hydrogen）	2020年4月	2030年
奥地利	《奥地利氢能发展战略》（Wasserstoffstrategie für Österreich）	2022年	2030年
匈牙利	《匈牙利国家氢能战略》（Hungary's Natioal Hydrogen Strategy）	2021年5月	2030年
捷克	《捷克氢能战略》（The Czech Republic's Hydrogen Strategy）	2021年7月	2050年
波兰	《波兰2030氢能战略和2040远景规划》（Polskiej Strategii Wodorowej do Roku 2030 z Perspektywą do 2040 r）	2021年11月	2040年
斯洛伐克	《国家氢能战略（草案）》（Návrh Národnej Vodíkovej Stratégie）	2021年6月	2050年
俄罗斯	《俄罗斯联邦氢能发展构想》（Концепцию Развития Водородной Энергетики в Российской Федерации）	2021年8月	2050年
	非洲		
摩洛哥	《绿氢路线图》（Feuille De Route Hydrogène Vert）	2021年1月	2050年

续表

国家（机构）	战略规划	发布时间	规划年限
南非	《2021 南非氢能社会路线图》（Hydrogen Society Roadmap for South Africa 2021）	2022 年 2 月	2050 年
	北美洲		
美国	《美国氢能经济路线图》（Road Map to a US Hydrogen Economy）	2019 年 11 月	2050 年
	《氢能计划发展规划》（Department of Energy Hydrogen Program Plan）	2020 年 11 月	2030 年
	《国家清洁氢能战略与路线图》（DOE National Clean Hydrogen Strategy and Roadmap）	2023 年 6 月	2050 年
加拿大	《加拿大氢能战略》（Hydrogen Strategy for Canada）	2020 年 12 月	2050 年
	南美洲		
智利	《国家绿色氢能战略》（National green hydrogen strategy）	2020 年 11 月	2030 年
巴西	《国家氢能计划》（Programa Nacional do Hidrogênio （PNH2）	2021 年 7 月	2050 年
哥伦比亚	《哥伦比亚氢能路线图》（Hoja de Ruta del Hidrógeno en Colombia）	2021 年	2030 年
乌拉圭	《乌拉圭绿氢国家路线图》（Green Hydrogen Roadmap in Uruguay）	2022 年	2040 年
巴拉圭	《迈向巴拉圭的绿氢路线图》（Towards the Green Hydrogen Roadmap in Paraguay）	2021 年	2030 年
	大洋洲		
澳大利亚	《澳大利亚国家氢能战略》（Australia's National Hydrogen Strategy）	2019 年 11 月	2030 年
新西兰	《新西兰氢能愿景》（A vision for hydrogen in New Zealand）	2019 年 9 月	2030 年

2. 普遍根据脱碳发展、能源安全、经济增长和发展应用技术等需求规划氢能发展

1）实现脱碳发展

美国与德国、法国、葡萄牙、西班牙、意大利、芬兰、丹麦、比利时、荷兰、奥地利和匈牙利等欧盟成员国，以及英国、俄罗斯、日本、韩国、印度、智利、南非和乌拉圭等国家，均在氢能战略中着重提升电解制氢能力或可再生能源制氢能力，希望借助氢能深入实施脱碳行动，促进能源的可持续发展。例如，美国《国家清洁氢能战略与路线图》提出到 2030 年美国清洁氢年产量将增至 1000 万吨，到 2040 年、2050 年分别增至 200 万吨和 5000 万吨。《欧盟氢能战略》提出到 2030 年，安装至少 40 吉瓦可

再生能源电解槽，达到可再生能源制氢年产量 1000 万吨。

2）保障能源安全

中国、美国、日本、印度、英国、比利时、澳大利亚、南非等国家在氢能战略中提出借助氢能优势保障国家能源安全。面对能源进出口易受地缘政治影响、国内化石能源资源禀赋不足等问题，各国普遍将发展氢能视作解决上述问题的良策。例如，日本在《氢能基本战略》中提到，氢能来源广泛、采购源头多样，能够降低日本的能源供给风险。

3）助力经济增长

丹麦、俄罗斯、摩洛哥、澳大利亚、新西兰、智利、哥伦比亚等国家在氢能战略中将氢能出口作为重要目标之一，将氢能发展作为新的经济增长点，希望侧重发展氢能贸易，在国际氢能市场中占据一定份额。例如，澳大利亚在《澳大利亚国家氢能战略》中提出，至 2030 年成为亚洲氢能市场的前三大出口国；智利在《国家绿色氢能战略》中提出至 2040 年跻身全球氢能出口国行列。

4）发展能源应用技术

中国、美国、日本、韩国、荷兰、加拿大、匈牙利和捷克等国家将氢能应用技术作为重点战略目标之一，其中大部分国家将燃料电池汽车保有量或者加氢站数量作为重要目标，部分国家将发展氢能多元应用技术作为发展方向。例如，美国《国家清洁氢能战略与路线图》提出重点提升重型卡车燃料电池性能并降低成本，将氢能应用范围从当前的重型交通、炼油、制氨，向中期的钢铁、工业化学品、储能及发电、航空，以及远期的备用和固定式电源、集装箱船运、注入天然气网络等拓展。

3. 主要从布局全产业链和把控重点环节两个路径部署氢能战略

1）布局全产业链

中国、美国、日本、德国、英国、西班牙、芬兰、印度、澳大利亚、加拿大、乌拉圭、匈牙利、捷克、新西兰、巴拉圭、波兰和斯洛伐克等在氢能战略规划中，从制氢、储运氢、电力用氢以及电氢耦合等方面全产业链布局氢能发展，希望在本国形成氢能生态和国内产业闭环，从而规避受国际能源态势影响的风险。

2）把控重点环节

有的国家通过把控氢能发展的若干重点环节形成本国优势。例如，韩国以储氢和电力用氢为重点目标，其在发展路径上选择依赖进口氢能，而将发展重点放在氢燃料电池方面，试图在未来形成氢燃料电池的优势。

4. 主要以 2025 年、2030 年、2050 年等为节点，选择分阶段规划或“一步走”策略

1）分阶段规划

中国、美国、日本、德国、英国、西班牙、意大利、丹麦、挪威、比利时、荷兰、俄罗斯、韩国、印度、澳大利亚、加拿大、智利、哥伦比亚、摩洛哥、南非、乌拉圭、捷克、波兰和斯洛伐克均选择分阶段规划氢能战略。美国《国家清洁氢能战略与路线图》以 2025 年、2030 年和 2035 年为节点设立制氢、基础设施、终端应用的短、中、长期行动时间表。《欧盟氢能战略》确定了 3 个发展阶段：第一阶段，2024 年前安装 6 吉瓦可再生能源电解槽，达到可再生能源制氢年产量 100 万吨；第二阶段，2030 年前安装 40 吉瓦可再生能源电解槽，达到可再生能源制氢年产量 1000 万吨；第三阶段，2050 年前大规模部署可再生氢能技术，覆盖所有难以脱碳的领域。虽然不同国家（机构）对氢能战略的阶段目标和发展进程有不同规划，但最终目标较为趋近，即以 2050 年左右实现氢能在能源结构中占比 10% 以上为目标。

2）“一步走”策略

有些国家则采取氢能发展目标“一步走”策略。法国、葡萄牙、芬兰、奥地利和匈牙利等均把实现氢能战略目标的节点定在 2030 年左右。

2.1.2 重点国家（机构）电力氢能战略解读

将中国、美国、日本、德国、法国、英国，以及欧盟①作为重点进行氢能战略报告解读，把握全球主要经济体在电力氢能领域的战略部署情况。

1. 中国

中国在2016年6月出台了《能源技术革命创新行动计划（2016—2030年）》，提出氢能发展过程中制取、存储、运输及应用的规划；在2021年11月发布《“十四五”能源领域科技创新规划》，对氢能领域发展做了电解制氢、太阳能光解水制氢、氢能储运、氢气加注及燃料电池技术等部署；在2022年3月出台了专项的《氢能产业发展中长期规划（2021—2035年）》，更详细地部署了氢能领域的发展方向，其中包括可再生能源制氢、燃料电池汽车和加氢站等内容。

1）《能源技术革命创新行动计划（2016—2030年）》

2016年6月，国家发展和改革委员会、国家能源局联合印发了《能源技术革命创新行动计划（2016—2030年）》，提出2030年实现大规模氢的制取、存储、运输、应用一体化，实现加氢站现场储氢、制氢模式的标准化和推广应用。

战略重点发展方向：①制氢技术，大规模制氢技术（可再生能源或核能制氢、太阳能光解制氢、热分解制氢等）、分布式制氢技术（可再生能源发电与质子交换膜/固体氧化物电池电解制氢一体化技术和可再生能源电解制氢示范并推广应用等）；②储运技术，碳纤维复合材料与储氢罐设备技术、加氢站氢气高压和液态氢的存储技术；③燃料电池技术，氢气/空气聚合物电解质膜燃料电池技术、甲醇/空气聚合物电解质膜燃料电池技术和燃料电池分布式发电技术。

能源电力氢能相关技术：电解制氢方面，重点关注质子交换膜电解制氢、固体氧化物电解制氢技术；大容量长周期储氢方面，重点发展低温

---

① 中国、美国、日本、德国、法国、英国对国家层面的氢能战略进行解读，欧盟对欧盟发布的氢能战略进行解读。

液态储氢、金属固态储氢和有机液体储氢技术；电力用氢方面，重点关注质子交换膜燃料电池、固体氧化物燃料电池和氢燃气轮机技术；电氢耦合方面，重点关注风光制氢和氢能与电网互动技术。

2）《“十四五”能源领域科技创新规划》

2021 年 11 月，国家能源局和科学技术部联合编制了《“十四五”能源领域科技创新规划》，目的是进一步健全能源科技创新体系，其中包括氢能领域内的电解制氢、可再生能源制氢、氢气储运和燃料电池等内容。

战略重点发展方向：①氢气制备关键技术方面，突破可再生能源电解制氢的质子交换膜和低电耗、长寿命高温固体氧化物电解制氢关键技术，以及太阳能光解水制氢等技术；②氢气储运关键技术方面，开展氢气长距离管输、安全和低能耗的低温液氢储运、高密度和轻质固态氢储运、长寿命和高效率的有机液体储运氢等技术研究；③氢气加注关键技术方面，研制低预冷能耗、满足国际加氢协议的 70 兆帕加氢机和高可靠性、低能耗的 45 兆帕 /90 兆帕压缩机等关键装备；④燃料电池设备及系统集成关键技术方面，开展高性能、长寿命质子交换膜燃料电池电堆重载集成、结构设计、精密制造关键技术研究，突破固体氧化物燃料电池关键技术；⑤氢安全防控及氢气品质保障技术方面，开展临氢环境下临氢材料和零部件氢泄漏检测及危险性试验研究等。

能源电力氢能相关技术：电解制氢方面，重点关注质子交换膜电解制氢、固体氧化物电解制氢技术；大容量长周期储氢方面，重点发展低温液态储氢、金属固态储氢和有机液体储氢技术；电力用氢方面，重点关注质子交换膜燃料电池、固体氧化物燃料电池和氢燃气轮机技术；电氢耦合方面，重点关注风光制氢技术。

3）《氢能产业发展中长期规划（2021—2035 年）》

2022 年 3 月，国家发展和改革委员会、国家能源局联合发布了《氢能产业发展中长期规划（2021—2035 年）》，提出总体目标是到 2025 年，燃料电池车辆保有量约 5 万辆，并且部署一批加氢站，可再生能源制氢量达到 10 万—20 万吨 / 年，实现二氧化碳减排 100 万—200 万吨 / 年；到 2030 年，形成较为完备的氢能产业技术创新体系、清洁能源制氢及供应

体系；到 2035 年，形成氢能产业体系，构建多元氢能应用生态，明显提升可再生能源制氢在终端能源消费中的比重。

战略重点发展方向：①交通领域，探索开展氢燃料电池货车运输示范应用及 70 兆帕储氢瓶车辆应用验证，试点应用燃料电池商用车，探索氢燃料电池在船舶、航空器等领域的示范应用；②储能方面，开展集中式可再生能源制氢示范工程，探索氢储能与波动性可再生能源发电协同运行的商业化运营模式；③发电方面，开展氢电融合的微电网示范，推动燃料电池热电联供应用实践，开展氢燃料电池通信基站备用电源示范应用，并逐步在金融、医院、学校、商业、工矿企业等领域引入氢燃料电池应用；④工业方面，探索开展可再生能源制氢在合成氨、甲醇、炼化、煤制油气等行业替代化石能源的示范。

能源电力氢能相关技术：电解制氢方面，重点发展固体氧化物电解制氢技术；大容量长周期储氢方面，重点发展低温液态储氢、金属固态储氢和有机液体储氢；电力用氢方面，重点发展热电联产技术；电氢耦合方面，重点发展风光制氢和氢能与电网互动技术。

2. 美国

1）《美国氢能经济路线图》

2019 年 11 月，美国燃料电池和氢能协会（FCHEA）在 2019 燃料电池国际研讨会暨能源展上发布了《美国氢能经济路线图》，以巩固美国在全球能源领域的领导地位。

战略重点发展方向：①氢能应用方面，发展住宅和商业建筑的燃料、交通燃料、工业和长途运输原料、工业燃料以及发电和电网平衡技术；②氢能供应及运输技术方面，发展制氢、分配氢和燃料站。

能源电力氢能相关技术：电解制氢方面，重点发展质子交换膜电解制氢技术；大容量长周期储氢方面，重点发展低温液态储氢技术；电力用氢方面，重点关注质子交换膜燃料电池、固体氧化物燃料电池、热电联产和氢燃气轮机等技术；电氢耦合方面，重点关注风光制氢和氢能与电网互动技术。

2）《氢能计划发展规划》

2020 年 11 月，美国能源部发布《氢能计划发展规划》，提出未来十年及更长时期氢能研究、开发和示范的总体战略框架。该方案更新了美国能源部早在 2002 年发布的《国家氢能路线图》以及 2004 年启动的“氢能行动计划”提出的氢能战略规划，综合考虑了美国能源部多个办公室先后发布的氢能相关计划和文件。

战略重点发展方向：①制氢方面，发展碳捕获利用与封存（carbon capture utilization and storage，CCUS）气化和重整技术、生物质和废弃物气化制氢技术、电解制氢技术；②输氢方面，发展管道拖车、氢气管道、液化氢运输技术、化学氢载体运输技术和氢气分配与加氢技术；③氢气存储方面，发展物理存储和材料存储技术；④氢能转化方面，发展氢燃气轮机和氢燃料电池技术；⑤氢能应用方面，发展交通运输、化学和工业过程应用技术，规模发电应用技术，综合混合能源系统技术。

能源电力氢能相关技术：电解制氢方面，重点发展质子交换膜电解制氢和固体氧化物电解制氢技术；大容量长周期储氢方面，重点关注低温液态储氢、有机液体储氢、地质储氢和金属固体储氢技术；电力用氢方面，主要关注质子交换膜燃料电池、固体氧化物燃料电池、氢燃气轮机技术；电氢耦合方面，重点关注风光制氢技术。

3）《国家清洁氢能战略与路线图》

2023 年 6 月 5 日，美国能源部发布《国家清洁氢能战略与路线图》，全面概述美国氢气生产、储运和应用的潜力，阐述清洁氢将如何助力美国脱碳和经济发展目标。

战略重点发展方向：①制氢方面，发展大规模电解槽系统、可再生能源（包括太阳能、风能、生物质能等）制氢、核能制氢、化石能源 CCUS 技术制氢；②工业部门用氢方面，钢铁部门、化工部门及工业加热；③运输部门用氢方面，中/重型卡车或公交车、海上运输、航空运输、铁路运输；④电力部门用氢方面，备用电源或固定电源（燃料电池等）、储能（地下储氢）；⑤大规模氢气输送方面，专注于区域供需网络，促进大规模清洁氢就近生产和使用。

能源电力氢能相关技术：电解制氢方面，重点发展质子交换膜电解制氢和固体氧化物电解制氢技术；大容量长周期储氢方面，重点关注低温液态储氢、有机液体储氢、地质储氢技术；电力用氢方面，主要关注质子交换膜燃料电池、热电联产和氢燃气轮机技术；电氢耦合方面，重点关注 Power-to-X、风光制氢和氢能与电网互动技术。

3. 欧盟

2020 年 7 月，欧盟委员会发布《欧盟氢能战略》，目标是发展氢能源，减少碳排放，为 2050 年实现欧盟碳中和、履行《巴黎协定》等承诺提供支持。《欧盟氢能战略》的首要任务是开发主要利用风能和太阳能生产的可再生氢能，但为了在短期和中期内迅速减少制氢中的碳排放量，并且对当前和未来使用的可再生氢能提供支持，还需要探索其他形式的低碳氢能。

战略重点发展方向：①工业和交通方面，应用氢能建设欧盟零碳炼钢，应用燃料电池于交通运输，应用可再生氢能合成其他燃料，提升电解槽生产氢能的能力，构建氢能政策支撑性框架；②氢能基础设施方面，发展管道运输氢气、液态氢（氨或液态有机氢载体）运输、季节性储存（盐穴），促进市场竞争；③氢能技术的研究和创新方面，发展大规模生产氢和新材料研发、大量存储和远距离输送、大规模终端应用；④国际合作方面，重新设计欧洲与邻国和地区及其国际、区域和双边合作伙伴的能源伙伴关系。

能源电力氢能相关技术：大容量长周期储氢方面，重点发展低温液态储氢、有机液体储氢和地质储氢技术；电力用氢方面，主要关注燃料电池和热电联产技术；电氢耦合方面，重点发展 Power-to-X、风光制氢技术。

4. 日本

1）《氢能基本战略》

2017 年 12 月，日本经济产业省资源能源厅发布了《氢能基本战略》。该战略将氢作为与可再生能源并列的新能源选择，目标是实现 2050 年碳中和及二氧化碳排放量减少 80%，同时构建氢社会，希望氢成本从 100 日元 / 标准立方米，到 2030 年下降至 30 日元 / 标准立方米，未来再下降至 20 日元 / 标准立方米。

战略重点发展方向：①制氢方面，实现高效制氢技术和可再生能源制氢技术等；②氢能应用方面，实现低成本用氢、电力用氢、交通用氢和工业用氢；③燃料电池方面，充分提高电效率和热利用率等；④国际方面，打造国际氢能供应链并且推广标准化发展模式；⑤基础设施建设方面，争取各地区的区域合作。

能源电力氢能相关技术：电解制氢方面，重点发展质子交换膜电解制氢和固体氧化物电解制氢等高效电解制氢技术；大容量长周期储氢方面，重点发展低温液态储氢和有机液体储氢技术；电力用氢方面，重点发展质子交换膜燃料电池、固体氧化物燃料电池、热电联产技术；电氢耦合方面，重点发展风光制氢技术。

2）《氢 / 燃料电池战略路线图》

2019 年 6 月，日本经济产业省氢能与燃料电池战略办公室发布了《氢 / 燃料电池战略路线图》。

战略重点发展方向：①氢能应用方面，发展交通运输、发电和燃料电池技术；②氢能供应方面，探索化石 +CCUS 制氢和可再生能源电解制氢。

能源电力氢能相关技术：大容量长周期储氢方面，重点发展低温液态储氢技术；电力用氢方面，主要关注质子交换膜燃料电池、固体氧化物燃料电池、热电联产和氢燃气轮机技术；电氢耦合方面，主要关注风光制氢技术。

3）《2050 年碳中和绿色增长战略》

2020 年 12 月，日本经济产业省会同相关部委制定了《2050 年碳中和绿色增长战略》，该战略是为实现 2050 年日本碳中和及无碳社会目标而制定的。

战略重点发展方向：①氢能应用方面，利用涡轮机实现大规模发电，利用氢能实现卡车等商用车长途运输，推动氢能在钢铁等工业方面的应用；②国际供应链方面，利用液氢和甲基环己烷进行氢能海上运输技术，进行基础设施技术开发；③制氢方面，建造世界上最大的电解设备。

能源电力氢能相关技术：大容量长周期储氢方面，重点发展低温液态储氢和有机液体储氢技术；电力用氢方面，重点发展氢燃气轮机技术；

电氢耦合方面，重点发展风光制氢技术。

4）《氢能基本战略》（2023年修订版）

2023年6月，日本经济产业省发布修订后的《氢能基本战略（草案）》，对2017年发布的《氢能基本战略》进行了更新，确保在实现日本2050年碳中和目标的同时，加强全球竞争力，拓展海外市场。

战略重点发展方向：①氢能供应方面，实现稳定、低价和低碳的氢/氨供应，在国内外安装约15吉瓦电解槽；②氢能需求方面，燃烧发电领域重点发展氢、氨燃气轮机和混氨燃煤发电，燃料电池领域扩大家用燃料电池、提高商用燃料电池发电效率，供热领域推广氢燃气轮机和热电联产系统等；③制氢、储运氢、氢能应用等创新技术方面，制氢将开发煤气化、甲烷热解制氢等高温制氢技术、光催化制氢技术、阴离子交换膜电解技术，储运氢将开发高效氢气液化装置、储氢合金、低成本氢载体、氨裂解等技术，氢能应用将开发高效、耐用、低成本燃料电池技术以及碳回收产品生产技术（如合成燃料等）；④国际合作方面，推进氢能标准化工作和国际贸易模式；⑤基础设施建设方面，建立大型氢中心，发展氢能枢纽，建立区域氢能供应链。

能源电力氢能相关技术：电解制氢方面，重点关注阴离子交换膜电解制氢技术；大容量长周期储氢方面，重点关注低温液态储氢技术；电力用氢方面，重点关注燃料电池、氢燃气轮机和热电联产技术；电氢耦合方面，重点发展风光制氢技术。

5. 德国

1）《国家氢能战略》

2020年6月，德国联邦经济技术部（BMWI）发布了《国家氢能战略》，提出确立绿氢战略地位，并努力成为绿氢技术领域的全球领导者，计划采用两步走策略。第一步，2023年前重点打造国内市场基础，加速市场启动，并将在清洁氢制备、氢能交通、工业原料、基础设施建设等领域采取38项行动；第二步，在巩固国内市场的基础上，2024—2030年积极拓展欧洲与国际市场。

战略重点发展方向：①制氢方面，发展可再生能源制氢和Power-to-X

技术；②交通方面，主要针对燃料电池在运输部门的应用；③工业方面，用氢替代化石原材料在钢铁和化工行业中的应用；④供暖方面，发展燃料电池加热装置；⑤氢基础设施建设方面，发展氢能供应网络等；⑥研究、教育和创新方面，紧密与未来氢技术结合；⑦欧洲共同发展氢能方面，实现在欧盟层面推广氢技术；⑧国际氢能市场和外贸伙伴关系方面，建立有效的国际合作。

能源电力氢能相关技术：大容量长周期储氢方面，重点发展有机液体储氢技术；电力用氢方面，主要关注燃料电池与热电联产等技术；电氢耦合方面，重点发展风光制氢和 Power-to-X 技术。

2）《国家氢能战略》（2023 年修订版）

2023 年 7 月，德国发布了新版《国家氢能战略》，该战略的更新旨在应对俄乌冲突对德国能源供应安全造成的严重冲击。该战略称，到 2030 年德国在氢能技术的领先地位将进一步提升，产品供应将覆盖从生产（如电解槽）到各类应用（如燃料电池技术）的氢能技术全价值链。

战略重点发展方向：①制氢方面，发展可再生能源制氢和 Power-to-X 技术，2030 年德国电解能力将从 5 吉瓦增加到至少 10 吉瓦；②交通方面，将应用范围从基于燃料电池的汽车领域扩展到基于航空燃料（电力转化为液体燃料）的航空领域；③工业方面，探索中低温范围内的氢气应用，用氢替代化石原材料在钢铁和化工中的应用；④供暖方面，建设氢气锅炉或氢气热电联产厂，发展燃料电池加热装置；⑤氢基础设施建设方面，发展氢能供应网络等，改造超过 1800 公里的管道和新建氢管道；⑥研究、教育和创新方面，紧密与未来氢技术结合，发布《国际氢能项目资金资助指南》，支持技术工人移民；⑦欧洲共同发展氢能方面，实现在欧盟层面推广氢技术，欧洲氢气骨干网将增加约 4500 公里；⑧国际氢能市场和外贸伙伴关系方面，建立联合伙伴关系，建立或加强与伙伴国家商界、科学界和政界专家的对话平台。

能源电力氢能相关技术：大容量长周期储氢方面，重点发展有机液体储氢技术；电力用氢方面，主要关注于燃料电池、氢燃气轮机和热电联产等技术；电氢耦合方面，重点发展风光制氢和 Power-to-X 技术。

6. 法国

2020 年 9 月，法国生态部和经济部联合发布《法国国家无碳氢能发展战略》，计划到 2030 年投入 70 亿欧元发展无碳氢能（绿氢），促进工业和交通等部门脱碳，助力法国打造更具竞争力的低碳经济。计划到 2030 年建成 6.5 吉瓦电解槽；发展氢能交通，尤其是将氢能用于重型车辆，到 2030 年减少 600 万吨二氧化碳排放；提升氢能产业竞争力，到 2030 年创造 5 万—15 万个就业岗位。

战略重点发展方向：①电解槽的研发及工业化，应用无碳氢实现工业脱碳；②脱碳氢应用于交通运输业，发展应用氢能的重型交通运输工具，鼓励区域间发展氢能项目；③研究与创新方面，加大前沿创新（综合研发管网运输、规模工业应用、空运和航运应用以及基础设施建设）、技能与人才培养。

能源电力氢能相关技术：重点开发燃料电池、储氢罐、电解槽等氢能技术。

7. 英国

2021 年 8 月，英国商务、能源和工业战略部门联合发布了《英国氢能战略》，目标是到 2030 年，在经济发展中实现 5 吉瓦的低碳氢能生产能力。

战略重点发展方向：①制氢技术方面，发展无碳捕集的蒸汽甲烷改造、含碳捕集的蒸汽甲烷重整或自热重整、可再生能源电解、高低温核电解、具有碳捕集与封存（carbon capture and storage，CCS）功能的生物能源制氢、水热化学分解和甲烷裂解；②氢能网络和储存方面，发展氢运输和分配（运输网络以及 CCUS、天然气和电力网络集成）、氢储存（储罐储存、盐洞储存、废弃天然气或油田储存、液态有机载体、低温液体和金属氢化物）；③应用氢方面，发展工业用氢、电力用氢、建筑物供热用氢、运输用氢；④构建市场方面，制定氢气市场框架，确保一个支持性的监管框架，提高公众对氢的认识和购买支持。

能源电力氢能相关技术：电解制氢方面，重点发展质子交换膜电解制氢技术；大容量长周期储氢方面，重点发展低温液态储氢、有机液体储氢、金属固态储氢、地质储氢技术；电力用氢方面，主要关注热电联产和氢燃气轮机技术；电氢耦合方面，重点发展 Power-to-X、风光制氢、氢能与电网互动技术。

8. 小结

对中国、美国、日本、德国、法国、英国以及欧盟等重点国家（机构）的氢能战略规划进行解读，比较其在电力氢能领域的战略部署，发现这些国家（机构）虽然规划的氢能发展阶段和速度不同，但是总体目标大致相同，即逐步提升氢能在生产生活中的分量，保障能源体系低碳、清洁和可持续发展。

1）电解制氢技术方面重点部署质子交换膜电解制氢

中国、美国和日本以质子交换膜电解制氢和固体氧化物电解制氢为重点；德国和法国以质子交换膜电解制氢和阴离子交换膜电解制氢为重点；英国则以质子交换膜电解制氢为重点。

2）大容量长周期储氢技术方面重点部署有机液体储氢和低温液态储氢

所有重点国家（机构）均部署了有机液体储氢；除德国外的所有国家（机构）均在战略中明确部署了低温液态储氢；中国、美国和英国提到了发展金属固态储氢；美国、英国以及欧盟部署了地质储氢相关内容。

3）电力用氢技术方面多数国家（机构）进行了全方位的部署

中国、美国、日本和德国均部署了质子交换膜燃料电池和固体氧化物燃料电池；中国、美国、日本、英国以及欧盟均提及了热电联产；中国、美国、日本、德国和英国有明确计划发展氢燃气轮机。

4）电氢耦合技术方面重点部署风光制氢

所有重点国家（机构）均部署了风光制氢；美国、德国、英国以及欧盟明确提到发展 Power-to-X 技术；中国、美国和英国部署了电氢耦合相关内容。

上述重点国家（机构）在面向未来的氢能战略规划中有相同的选择和各自的侧重点，同时在制氢、储氢、用氢、电氢耦合等电力氢能全产业链中均有部署。重点国家（机构）氢能战略电力氢能布局详情可见表 2.2。

表 2.2　重点国家（机构）氢能战略电力氢能布局

国家（机构）	战略规划	发布时间	具体发展目标	重点发展方向	电力氢能布局方向			
					电解制氢	大容量长周期储氢	电力用氢	电氢耦合
中国	《能源技术革命创新行动计划（2016—2030年）》	2016年	2020年：质子交换膜燃料电池电源系统使用寿命5000小时以上； 2030年：质子交换膜燃料电池分布式发电系统使用寿命1万小时以上，固体氧化物燃料电池分布式发电系统使用寿命4万小时以上； 2050年：氢能和燃料电池的普及应用，氢能制取突破性进展	制氢、储运、燃料电池	质子交换膜电解制氢、固体氧化物电解制氢	低温液态储氢、金属固态储氢、有机液体储氢	质子交换膜燃料电池、固体氧化物燃料电池、氢燃气轮机	风光制氢、氢能与电网互动
	《“十四五”能源领域科技创新规划》	2021年		氢气制备、氢气储运、氢气加注、燃料电池设备及系统集成、氢安全防控及氢气品质保障	质子交换膜电解制氢、固体氧化物电解制氢	低温液态储氢、金属固态储氢、有机液体储氢	质子交换膜燃料电池、固体氧化物燃料电池、氢燃气轮机	风光制氢
	《氢能产业发展中长期规划（2021—2035年）》	2022年	2025年：约5万辆燃料电池车辆保有量，10万—20万吨/年可再生能源制氢量，实现二氧化碳减排100万—200万吨/年； 2030年：形成较为完备的氢能产业技术创新体系、清洁能源制氢及供应体系； 2035年：构建涵盖交通、储能、工业等领域的多元氢能应用生态并提升可再生能源制氢在终端能源消费中的比重	交通、储能、发电、工业	固体氧化物电解制氢	低温液态储氢、金属固态储氢、有机液体储氢	热电联产	风光制氢、氢能与电网互动

续表

国家（机构）	战略规划	发布时间	具体发展目标	重点发展方向	电力氢能布局方向			
					电解制氢	大容量长周期储氢	电力用氢	电氢耦合
美国	《美国氢能经济路线图》	2019 年	2022 年：10 亿美元年度投资额，1200 万吨氢需求，3 万辆燃料电池车，165 座加氢站；2025 年：20 亿美元年度投资额，1300 万吨氢需求，15 万辆燃料电池车，1000 座加氢站；2030 年：80 亿美元年度投资额，1700 万吨氢需求，120 万辆燃料电池车，4300 座加氢站；2050 年：6800 万吨氢需求，占美国终端能源需求的 14%，7500 亿美元收入	氢能应用、氢能供应及运输技术	质子交换膜电解制氢	低温液态储氢	质子交换膜燃料电池、固体氧化物燃料电池、热电联产、氢燃气轮机	风光制氢、氢能与电网互动
	《氢能计划发展规划》	2020 年	2030 年：电解槽成本 300 美元 / 千瓦且寿命 8 万小时，质子交换膜燃料电池系统成本 80 美元 / 千瓦且寿命 2.5 万小时，固体氧化物燃料电池系统成本 900 美元 / 千瓦且寿命 4 万小时	制氢、输氢、氢气存储、氢能转化、氢能应用	质子交换膜电解制氢、固体氧化物电解制氢	低温液态储氢、有机液体储氢、地质储氢、金属固态储氢	质子交换膜燃料电池、固体氧化物燃料电池、氢燃气轮机	风光制氢
	《国家清洁氢能战略与路线图》	2023 年	2024—2028 年：电解制绿氢成本 2 美元 / 千克，低温电解槽成本 250 美元 / 千瓦，高温电解槽成本 300 美元 / 千瓦，电解槽产能超 3 吉瓦，重卡燃料电池成本 140 美元 / 千瓦；2029—2036 年：电解制绿氢成本 1 美元 / 千克，低温电解槽成本 100 美元 / 千瓦，高温电解槽成本 200 美元 / 千瓦，氢气规模化供应成本 4 美元 / 千克，重卡燃料电池成本 80 美元 / 千瓦；2030 年：清洁氢产量 1000 万吨 / 年；2040 年：清洁氢产量 2000 万吨 / 年；2050 年：清洁氢产量 5000 万吨 / 年	制氢、工业部门用氢、运输部门用氢、电力部门用氢和大规模氢气输送	质子交换膜电解制氢、固体氧化物电解制氢	低温液态储氢、有机液体储氢、地质储氢	质子交换膜燃料电池、热电联产、氢燃气轮机	风光制氢、氢能与电网互动、Power-to-X

续表

国家（机构）	战略规划	发布时间	具体发展目标	重点发展方向	电力氢能布局方向			
					电解制氢	大容量长周期储氢	电力用氢	电氢耦合
日本	《氢能基本战略》	2017 年	2020 年：160 座加氢站，4 万辆燃料电池汽车，100 辆燃料电池巴士，500 辆燃料电池叉车； 2025 年：320 座加氢站，20 万辆燃料电池汽车； 2030 年：氢气供应价 30 日元 / 标准立方米，80 万辆燃料电池汽车，1200 辆燃料电池巴士，10000 辆燃料电池叉车； 2050 年：氢社会	制氢、氢能应用、燃料电池、国际、基础设施建设	质子交换膜电解制氢、固体氧化物电解制氢	低温液态储氢、有机液体储氢	质子交换膜燃料电池、固体氧化物燃料电池、热电联产	风光制氢
	《氢 / 燃料电池战略路线图》	2019 年	2025 年：320 座加氢站，20 万辆燃料电池汽车； 2030 年：氢气供应价 30 日元 / 标准立方米，900 座加氢站，80 万辆燃料电池汽车，1200 辆燃料电池巴士； 2030 年后：氢气供应价 20 日元 / 标准立方米，电解槽成本 5 万日元 / 千瓦	氢能应用、氢能供应		低温液态储氢	质子交换膜燃料电池、固体氧化物燃料电池、热电联产、氢燃气轮机	风光制氢
	《2050 年碳中和绿色增长战略》	2020 年	2030 年：氢气供应价格 30 日元 / 标准立方米，300 万吨氢供应（包括 42 万吨以上清洁氢）； 2050 年：氢气供应价 20 日元 / 标准立方米，2000 万吨氢供应	氢能应用、国际供应链、制氢		低温液态储氢、有机液体储氢	氢燃气轮机	风光制氢
	《氢能基本战略》（2023 年修订版）	2023 年	2030 年：氢和氨将占电力供应结构的 1% 左右，氢气供应价格 30 日元 / 标准立方米； 2050 年：使氢发电成本低于燃气发电，达到 20 日元 / 标准立方米	氢能供应，氢能需求，制氢、储运氢、氢能应用等创新技术，国际合作，基础设施建设	阴离子交换膜电解制氢	低温液态储氢	燃料电池、氢燃气轮机、热电联产	风光制氢
德国	《国家氢能战略》	2020 年	2030 年：5 吉瓦电解槽装机； 2035 年（2040 年）：10 吉瓦电解槽装机	制氢，交通，工业，供暖，氢基础设施建设，研究、教育和创新，欧洲共同发展氢能，国际氢能市场和外贸伙伴关系		有机液体储氢	燃料电池、热电联产	风光制氢、Power-to-X

续表

国家（机构）	战略规划	发布时间	具体发展目标	重点发展方向	电力氢能布局方向			
					电解制氢	大容量长周期储氢	电力用氢	电氢耦合
德国	《国家氢能战略》(2023年修订版）	2023年	2027/2028年：建立一个氢发射网络，其中有超过1800公里的改造和新建氢管道，整个欧洲将增加约4500公里欧洲氢骨干网； 2030年：德国电解能力将从5吉瓦增加到至少10吉瓦，所有主要的发电、进口和仓储中心都将通过扩建的方式与相关消费者连接	制氢，交通，工业，供暖，氢基础设施建设，研究、教育和创新，欧洲共同发展氢能，国际氢能市场和外贸伙伴关系		有机液体储氢	燃料电池、氢燃气轮机、热电联产	风光制氢、Power-to-X
法国	《法国国家无碳氢能发展战略》	2020年	2023年：投资34亿欧元； 2030年：建成6.5吉瓦电解槽装机，投资70亿欧元	电解槽研发及工业化、脱碳氢用于交通运输业、研究与创新			燃料电池	
英国	《英国氢能战略》	2021年	2025年：1吉瓦制氢能力； 2030年：5吉瓦制氢能力，40吉瓦海上风力发电，9亿英镑氢能经济产值，40亿英镑私营部门共同投资； 2050年：130亿英镑氢能经济产值	制氢、氢能网络和储存、应用氢、构建市场	质子交换膜电解制氢	低温液态储氢、有机液体储氢、金属固态储氢、地质储氢	热电联产、氢燃气轮机	Power-to-X、风光制氢、氢能与电网互动
欧盟	《欧盟氢能战略》	2020年	2024年：至少6吉瓦可再生氢电解槽，可再生氢产量达到100万吨； 2030年：至少40吉瓦可再生氢电解槽，1000万吨可再生氢，240亿—420亿欧元投资电解槽，2200亿—3400亿欧元投资风光发电，650亿欧元投资氢气储运； 2050年：约有1/4的可再生能源发电将用于可再生氢生产，1800亿—4700亿欧元投资制氢，8.5亿—10亿欧元投资加氢站	工业和交通、氢能基础设施、氢能技术的研究和创新、国际合作		低温液态储氢、有机液体储氢、地质储氢	燃料电池、热电联产	Power-to-X、风光制氢

2.2 国际氢能项目部署分析

本节基于数据分析，呈现2018—2022年全球氢能项目在电力氢能4个技术方向上的共同关注热点及演变趋势，展开分析中国、美国、日本、德国、法国、英国6个重点国家的项目部署情况，对比分析各国在电力氢能技术方向布局上的共性特征与差异性特色。

2.2.1 全球氢能项目技术布局分析

以中国、美国、日本、德国、法国、英国6个世界主要科技强国和氢能发展重点国家为代表，对其2018—2022年部署的氢能项目进行主题聚类与可视化分析，通过知识图谱揭示全球电力氢能项目布局趋势，根据数据可比性重点呈现2018—2021年演变情况，见图2.2—图2.5。

1. 各国氢能项目涉及的电力氢能技术范围不断扩展

随着能源结构的调整和对可再生能源的日益重视，全球重点国家近年来对氢能项目的部署数量逐渐增多，同时部署的技术范围也逐渐扩

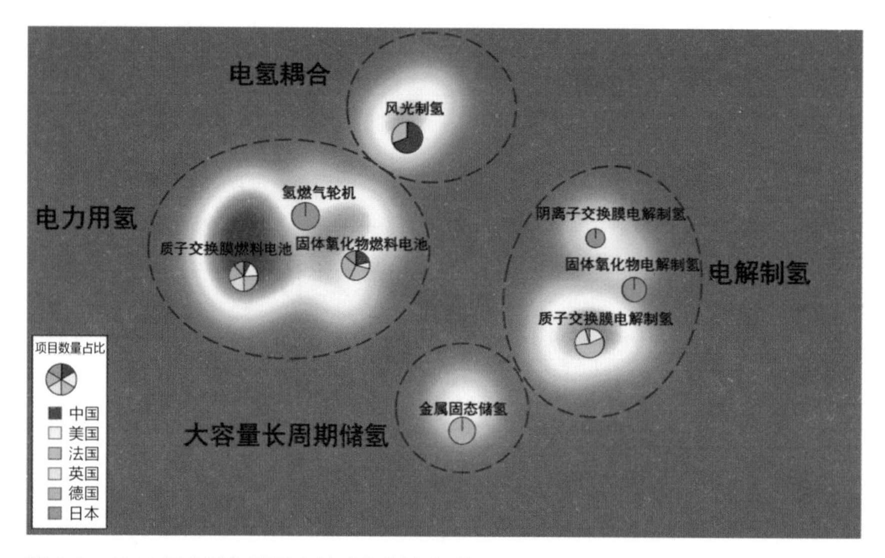

图2.2　2018年全球氢能重点技术布局趋势图

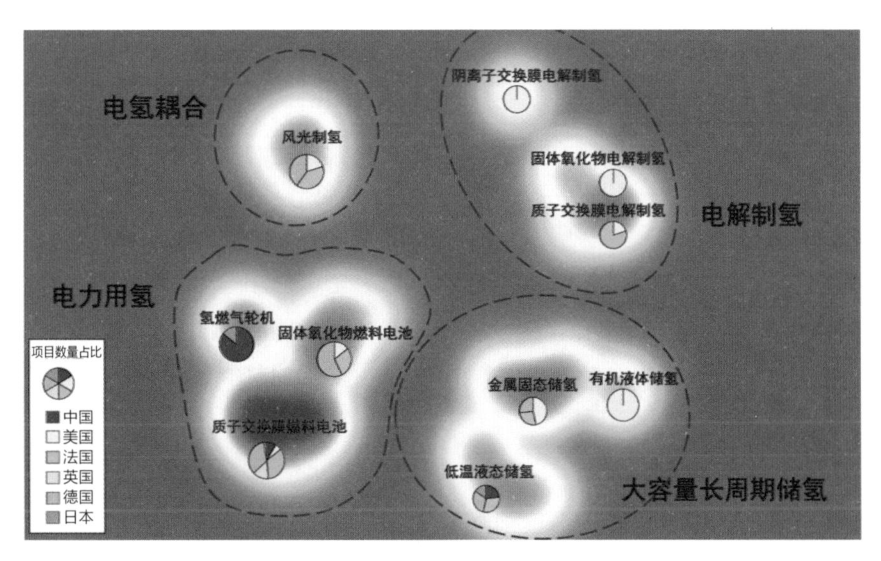

图 2.3　2019 年全球氢能重点技术布局趋势图

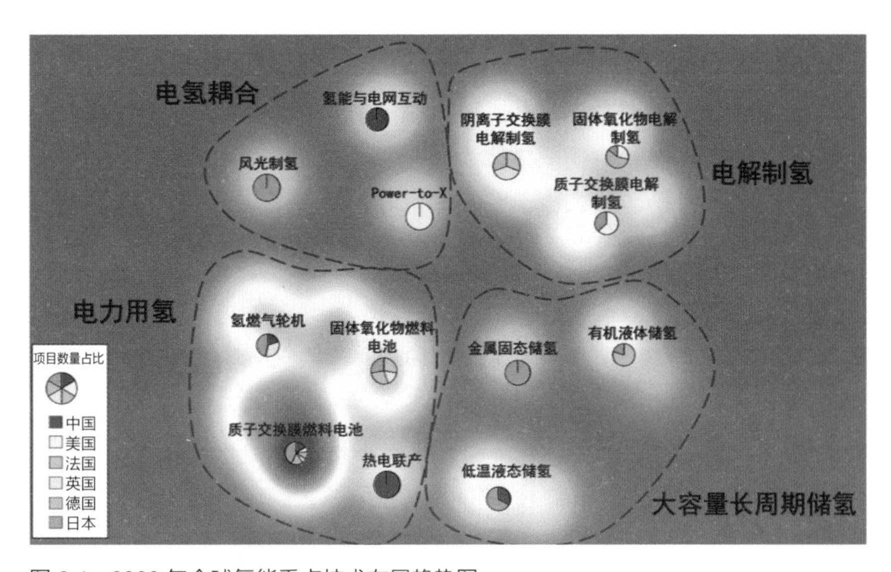

图 2.4　2020 年全球氢能重点技术布局趋势图

大，6 国布局的电力氢能技术从 2018 年的 8 个关键技术扩展至 2021 年的 14 个关键技术。较为明显的是，各国增加了对大容量长周期储氢技术的低温液态储氢、金属固态储氢、有机液体储氢，电力用氢技术的氢燃气轮机，电氢耦合技术的 Power-to-X、氢能与电网互动等技术方向的部署。

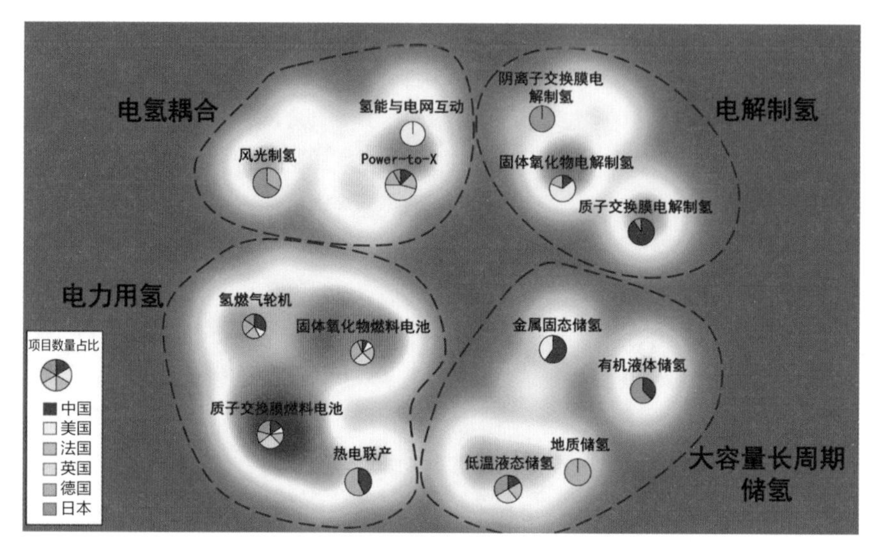

图 2.5　2021 年全球氢能重点技术布局趋势图

2. 各国氢能项目在不同技术方向上的投入力度逐渐增大

各国氢能项目在电力用氢的质子交换膜燃料电池上持续保持最高比重，与此同时，各国在固体氧化物燃料电池、固体氧化物电解制氢、低温液态储氢、Power-to-X、热电联产、风光制氢、氢能与电网互动等技术方向的项目部署力度不断增大。

3. 各国氢能项目在电力用氢技术部署最多，其次为电解制氢、大容量长周期储氢等

各国在电力用氢技术上部署项目最多，其中质子交换膜燃料电池最受关注，其次为固体氧化物燃料电池、氢燃气轮机和热电联产；电解制氢技术中，质子交换膜电解制氢部署项目最多，其次为固体氧化物电解制氢；大容量长周期储氢技术中，低温液态储氢部署最多，其次为金属固态储氢、有机液体储氢；电氢耦合技术中，风光制氢最受重视，且 2020—2021 年各国部署力度显著增大，其次为 Power-to-X 和氢能与电网互动。

2.2.2 重点国家氢能项目技术布局比较

对中国、美国、日本、德国、法国、英国 6 个重点国家氢能项目布

局情况进行分析，展示 2018—2022 年能源电力氢能重点国家项目部署趋势图并分析关键技术布局重点。

1. 中国

本部分以中国 2018—2022 年重点开展的氢能项目为基础，选择国家重点研发计划“可再生能源与氢能技术”重点专项 2018—2020 年数据及“氢能技术”重点专项 2021—2022 年数据，共获取数据 71 条，其中符合能源电力氢能技术方向的数据 41 条。通过各技术方向项目数占 5 年项目总数的比重，揭示中国氢能项目技术布局趋势（图 2.6）。

> “十三五”期间，为落实《国家中长期科学和技术发展规划纲要（2006—2020 年）》，以及国务院《能源发展战略行动计划（2014—2020 年）》等提出的任务，国家重点研发计划设立“可再生能源与氢能技术”重点专项，目标是大幅提升我国可再生能源自主创新能力，为能源结构调整和应对气候变化奠定基础，其中提出推进氢能技术发展及产业化。“十四五”期间，专门设立“氢能技术”重点专项，目标是以能源革命、交通强国等重大需求为牵引，系统布局氢能绿色制取、安全致密储输和高效利用技术，贯通基础前瞻、共性关键、工程应用和评估规范环节，到 2025 年实现我国氢能技术研发水平进入国际先进行列。

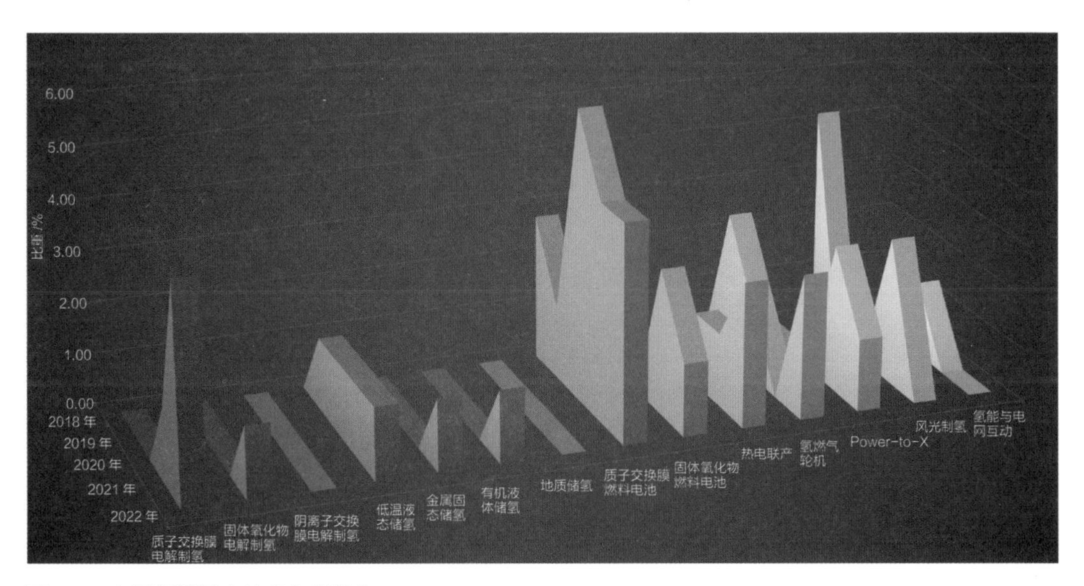

图 2.6　中国氢能重点技术布局趋势

2018—2022 年，中国氢能项目持续关注低温液态储氢、质子交换膜燃料电池、固体氧化物燃料电池、热电联产、氢燃气轮机 5 个技术方向。对低温液态储氢、质子交换膜燃料电池 2 个技术方向连续进行部署；固体氧化物燃料电池、热电联产、氢燃气轮机、风光制氢等方向也得到了较多投入；而对阴离子交换膜电解制氢、地质储氢 2 个技术方向暂未进行部署。质子交换膜电解制氢、固体氧化物电解制氢、金属固态储氢、有机液体储氢、Power-to-X 等 5 个技术方向为新兴技术方向，前期少量关注的情况下，在 2021—2022 年进行了重点部署。

2. 美国

本部分以美国能源部 2018—2021 年重点开展的氢能项目为基础，选择美国能源部 H2@Scale 计划 2018—2021 年数据，共获取数据 114 条，其中符合能源电力氢能技术方向的数据 48 条。通过各技术方向项目数占项目总数的比重，揭示美国氢能项目技术布局趋势（图 2.7）。

> 美国能源部于 2016 年发起倡议，提出了 H2@Scale 概念，旨在汇聚利益相关者的力量，促进氢能生产、运输、储存和利用。美国国家实验室和产业界形成 H2@Scale 联盟，通过政府资助的氢能项目共同合作，从而加快氢能技术的基础研究、开发和示范应用。

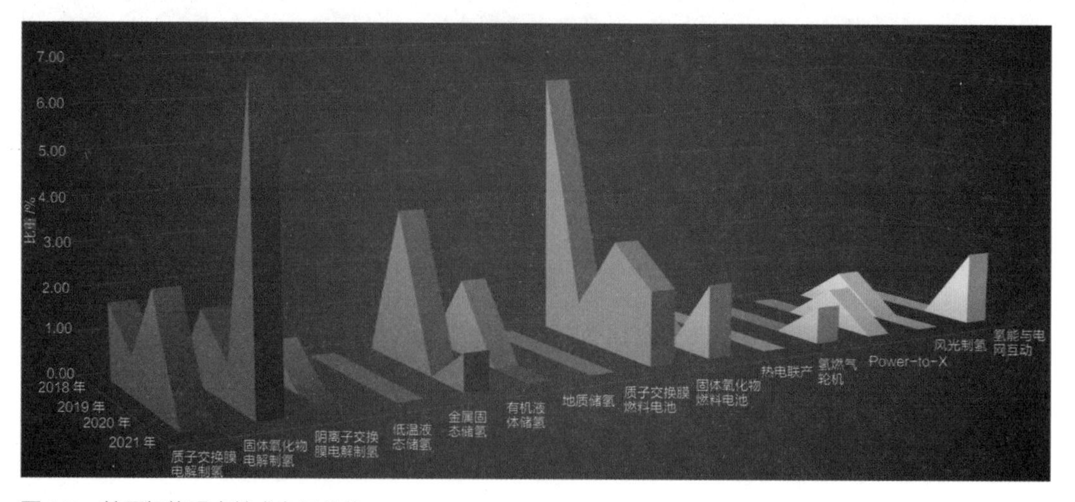

图 2.7 美国氢能重点技术布局趋势

2018 年以来，美国在氢能项目方面，较为持续地支持质子交换膜电解制氢、固体氧化物电解制氢、金属固态储氢、质子交换膜燃料电池、固体氧化物燃料电池等技术方向，其中固体氧化物电解制氢占比大幅提升。但是，在本书关注的项目范围内，暂未对低温液态储氢、地质储氢、热电联产这 3 个技术方向进行部署。对氢燃气轮机、Power-to-X、氢能与电网互动这 3 个技术方向则在前期缺少关注的情况下，于 2020—2021 年进行了重点部署。

3. 日本

本部分以日本 2018—2021 年重点开展的氢能项目为基础，选择 NEDO 成果数据库中的氢能项目，如“下一代电池和氢能”“氢燃料电池”等项目，共获取数据 207 条，其中符合能源电力氢能技术方向的数据 130 条。通过各技术方向项目数占项目总数的比重，揭示日本氢能项目技术布局趋势（图 2.8）。

NEDO 是日本最重要的新能源研发机构，其在氢能方面的研究重点关注氢能技术应用、氢能供应链、电氢耦合以及加氢站基础设施建设等。NEDO 的“下一代电池和氢能”“氢燃料电池”等相关项目主要涉及氢燃料电池技术创新及应用、氢能社会构建等方面。

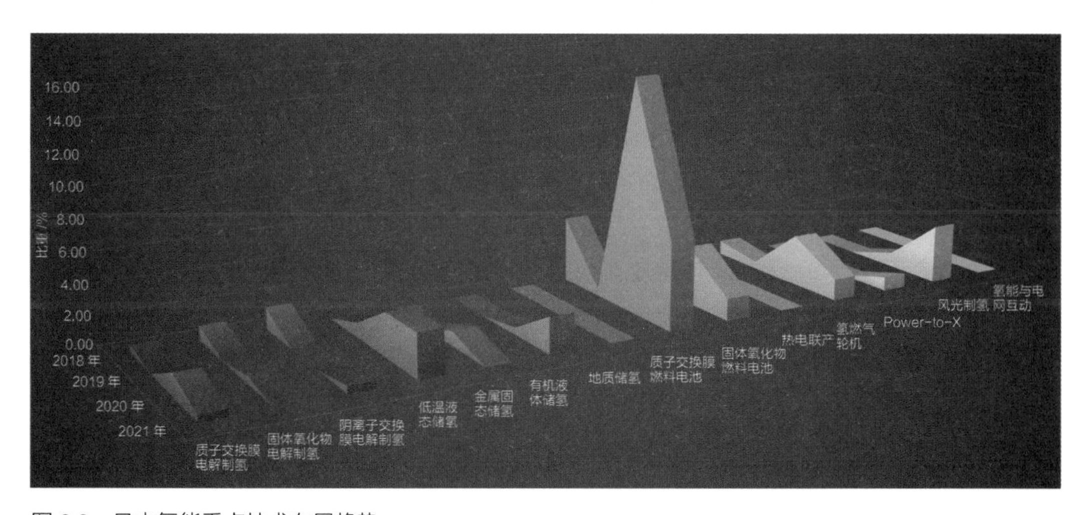

图 2.8 日本氢能重点技术布局趋势

2018—2021 年，日本在质子交换膜燃料电池、固体氧化物燃料电池、氢燃气轮机、质子交换膜电解制氢、低温液态储氢等技术方向上进行了较为持续的部署，其中对质子交换膜燃料电池部署最多。在本书关注的项目范围内，未出现对地质储氢、热电联产、氢能与电网互动等技术方向的支持。金属固态储氢、有机液体储氢、Power-to-X、风光制氢等技术是 2020—2021 年新兴的部署方向。

4. 德国

本部分以欧盟研发框架计划“地平线 2020”和“欧洲地平线”计划中德国的氢能项目为基础，在 CORDIS 数据库中根据关键词检索，获取 2018—2022 年氢能项目数据 120 条，其中符合能源电力氢能技术方向的数据 33 条。通过各技术方向项目数占项目总数的比重，揭示德国氢能项目技术布局趋势（图 2.9）。

欧盟研发框架计划是欧盟成员国共同参与的重大科研计划，以研究国际前沿和竞争性科技难点为主要内容。CORDIS 数据库中收录了欧盟研发框架计划资助的项目数据，可通过国家、计划、主题、技术等进行检索。

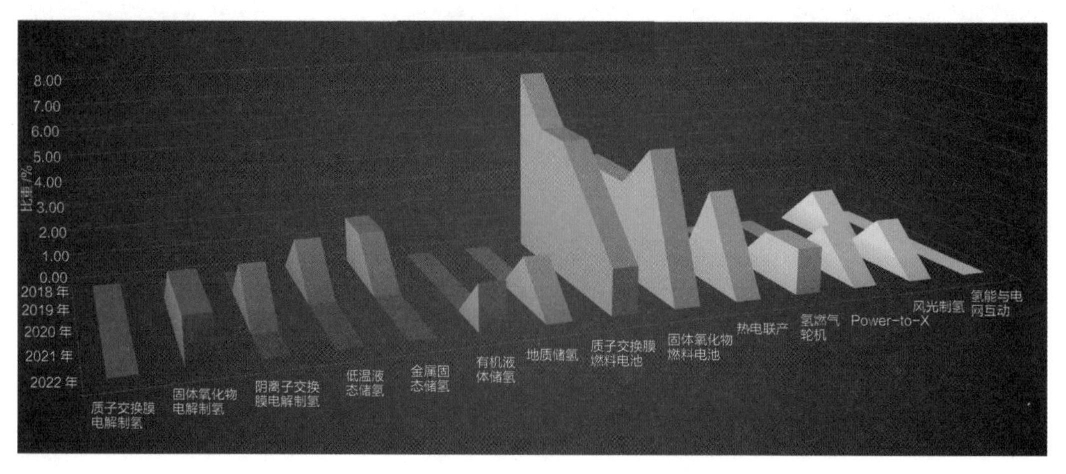

图 2.9 德国氢能重点技术布局趋势

2018—2022 年，德国在质子交换膜燃料电池、固体氧化物燃料电池、固体氧化物电解制氢 3 个技术方向上进行了较为持续的部署，其中质子交换膜燃料电池和固体氧化物燃料电池占比明显高于其他技术方向。在本书关注的项目范围内，德国暂未涉及质子交换膜电解制氢、氢能与电网互动 2 个技术方向。有机液体储氢、地质储氢、热电联产、氢燃气轮机、Power-to-X 等技术是 2021—2022 年新兴布局的方向。

除参与欧盟研发框架计划外，德国在国内也积极开展氢能研究计划，如德国氢能旗舰项目和氢能基础研究项目。德国氢能旗舰项目是德国联邦教育和研究部（BMBF）为实施国家氢能战略而开展的产业应用项目，投资金额超 7 亿欧元。在电力氢能方面主要部署质子交换膜电解制氢、阴离子交换膜电解制氢、风光制氢、Power-to-X、低温液态储氢、有机液体储氢等方向。德国氢能基础研究项目作为德国氢能旗舰项目的补充，投资金额超 3000 万欧元。在电力氢能方面主要部署质子交换膜电解制氢、阴离子交换膜电解制氢、Power-to-X、质子交换膜燃料电池、固体氧化物燃料电池等技术方向。

5. 法国

本部分以欧盟研发框架计划中法国的氢能项目为基础，在 CORDIS 数据库中获取 2017—2021 年氢能项目数据 94 条，其中符合能源电力氢能技术方向的数据 43 条。通过各技术方向项目数占项目总数的比重，揭示法国氢能项目技术布局趋势（图 2.10）。

2017—2021 年，法国在质子交换膜燃料电池、固体氧化物燃料电池、质子交换膜电解制氢、低温液态储氢等技术方向进行了较为持续的项目部署，其中对两个燃料电池连续五年进行了部署。在本书关注的氢能项目范围内，法国在固体氧化物电解制氢、地质储氢上暂无布局；阴离子交换膜电解制氢、有机液体储氢、氢燃气轮机、Power-to-X 等技术为 2020—2021 年新兴的布局方向。

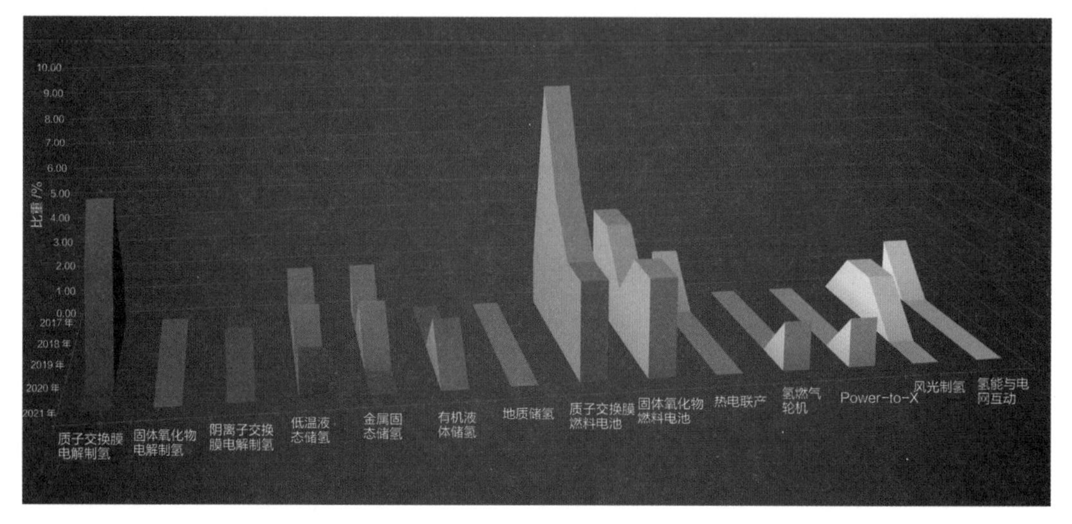

图 2.10　法国氢能重点技术布局趋势

在欧盟研发框架计划之外，法国在国内发起了氢能研究计划，如氢能优先研究（PEPR-H2）计划，作为法国国家级的优先事项，投入金额 8000 万欧元，支持氢产业关键技术突破。2022 年 2 月，法国公布氢能优先研究计划入选项目，涉及能源电力氢能中的质子交换膜电解制氢、阴离子交换膜电解制氢、金属固态储氢、有机液体储氢、质子交换膜燃料电池、固体氧化物燃料电池、Power-to-X 等 7 个技术方向，与欧盟研发框架计划中的部署重点大体一致。

法国与德国还共同参与了欧盟委员会发起的氢能技术欧洲共同利益（IPCEI Hy-2Tech）项目，支持氢能生产、储运、分配、燃料电池、终端用户应用等氢能产业链的大部分环节，并以高效电极材料、高性能燃料电池、氢能交通技术等突破为重点。氢能技术欧洲共同利益项目由奥地利、比利时、捷克、丹麦、爱沙尼亚、芬兰、法国、德国、希腊、意大利、荷兰、波兰、葡萄牙、斯洛伐克和西班牙 15 个成员国联合发起，由成员国提供 54 亿欧元的公共资金，并可能带动约 88 亿欧元的私人投资，资助 35 家相关企业。在 2022 年 7 月公布的 41 项入选项目中，法国项目主要涉及质子交换膜电解制氢、固体氧化物电解制氢、低温液态储氢、质子交换膜燃料电池、风光制氢等领域，德国项目主要涉及质子交换膜电解制氢、低温液态储氢、有机液体储氢、地质储氢、Power-to-X、热电联产、风光制氢等。

法国还参与了欧盟委员会在 2022 年 9 月发起的第二个氢能 IPCEI 项目——IPCEI Hy2Use 项目，旨在增加可再生氢和低碳氢的供应，支持氢能基础设施建设和氢在水泥、钢铁及玻璃等难脱碳工业部门中的部署。该项目由奥地利、比利时、丹麦、芬兰、法国、希腊、意大利、荷兰、波兰、葡萄牙、斯洛伐克、西班牙和瑞典 13 个成员国发起，成员国提供 52 亿欧元公共资金，并可能带动 70 亿欧元的私人投资，资助 29 家相关企业牵头的 35 个项目。

6. 英国

本部分以欧盟研发框架计划中英国的氢能项目为基础，在 CORDIS 数据库中获取 2017—2021 年氢能项目数据 99 条，其中符合能源电力氢能技术方向的数据 19 条。通过各技术方向项目数占项目总数的比重，揭示英国氢能项目技术布局趋势（图 2.11）。

2017—2021 年，在本书关注的技术方向范围内，英国将项目重点布局在质子交换膜燃料电池；在固体氧化物电解制氢、金属固态储氢、有机液体储氢、地质储氢、电热联产、风光制氢等 6 个技术方向暂无部署；阴离子交换膜电解制氢、低温液态储氢、固体氧化物燃料电池、氢燃气轮机、

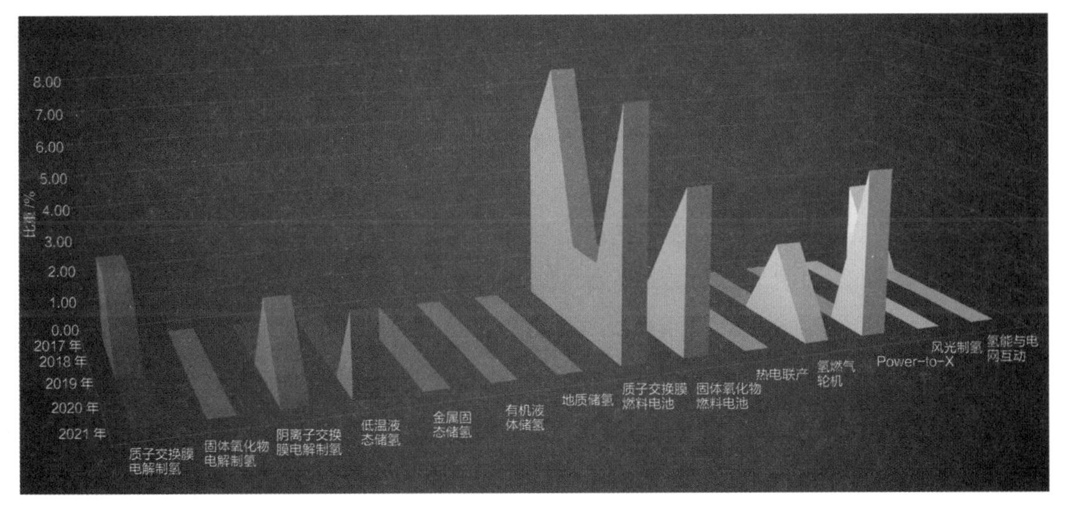

图 2.11　英国氢能重点技术布局趋势

2020 年 4 月，英国发布低碳氢供应竞赛（Hydrogen Supply Competition），重点支持低碳氢供应方面的创新，以降低供应氢的成本，为市场提供解决方案。该计划在 2020 年和 2022 年先后发布两期，投入 3300 万英镑和 4000 万英镑，入选项目在能源电力氢能方面主要涉及质子交换膜电解制氢、有机液体储氢、金属固态储氢、低温液态储氢、地质储氢、热电联产、Power-to-X、风光制氢等技术方向，尤以海上风电、制氢基地等为主要示范项目。

Power-to-X 等技术则在 2020—2021 年开始涉及。受脱欧影响，英国在欧盟研发框架计划的参与度相对走低。

7. 小结

对中国、美国、日本、德国、法国、英国 6 个重点国家氢能项目中电力氢能关键技术占比、相关关键技术项目部署持续性进行分析，呈现各国技术布局特点（表 2.3）。

1）电解制氢技术的质子交换膜电解制氢为各国共同布局重点。质子交换膜电解制氢为中国、美国、日本、法国、英国 5 个国家重点部署的关键技术；固体氧化物电解制氢为美国、日本、德国 3 个国家重点部署的关键技术。此外，日本还重点部署了阴离子交换膜电解制氢。

2）大容量长周期储氢技术各国布局各有侧重。低温液态储氢为中国、日本、法国 3 个国家共同重点部署的关键技术；金属固态储氢为美国、德国、法国 3 个国家共同重点部署的关键技术。此外，日本还重点关注有机液体储氢。

3）电力用氢技术的质子交换膜燃料电池和固体氧化物燃料电池为各国共同布局重点。六国均以质子交换膜燃料电池和固体氧化物燃料电池为氢能项目布局重点，且经费投入明显超出其他技术，如德国、法国、英国在欧盟框架计划内的质子交换膜燃料电池和固体氧化物燃料电池项目经费占其所有电力氢能项目经费的 47%。此外，日本、德国 2 个国家还重点关注了氢燃气轮机，中国在与其他国家具有共同布局之外还重点部署了热电联产。

表 2.3　2018—2022 年重点国家氢能项目技术布局解读

国家	项目来源	电解制氢			大容量长周期储氢				电力用氢				电氢耦合		
		质子交换膜电解制氢	固体氧化物电解制氢	阴离子交换膜电解制氢	低温液态储氢	有机液体储氢	金属固态储氢	地质储氢	质子交换膜燃料电池	固体氧化物燃料电池	热电联产	氢燃气轮机	Power-to-X	风光制氢	氢能与电网互动
中国	“可再生能源与氢能技术”重点专项、“氢能技术”重点专项	○			○				○	○	○		○	○	
美国	能源部 H2@Scale 计划等	○	○				○		○	○					
日本	NEDO“下一代电池和氢能”项目、“氢燃料电池”项目	○	○	○	○	○			○	○		○		○	
德国	欧盟研发框架计划		○				○		○	○		○		○	
法国	欧盟研发框架计划	○			○		○		○	○				○	
英国	欧盟研发框架计划	○							○	○					○

注：○表明 2018—2022 年有两年及以上布局了该技术方向

4）电氢耦合技术的风光制氢是多国布局重点。中国、日本、德国、法国 4 个国家共同重点部署了风光制氢技术，此外中国还重点部署了 Power-to-X 技术。

2.2.3 重点国家氢能研发力量概览

本部分通过对重点国家氢能项目承担机构进行分析，从机构承担项目次数、是否为牵头机构等维度，整理出重点国家主要氢能研发力量。基于项目数据的可获取性、完整性和可公开性，展示除中国以外的美国、日本、德国、法国、英国 5 个重点国家代表性氢能研发力量（包括大学、科研机构、企业 3 类），如表 2.4 所示。

表 2.4　重点国家氢能项目代表性承担机构

国家	大学	科研机构	企业
美国	范德堡大学 佐治亚理工学院 麻省理工学院	能源部国家可再生能源实验室	3M 公司 Proton Energy Systems 公司 Giner ELX 公司 康明斯公司
日本	东北大学 九州大学 东京工业大学 京都大学 东京大学 横滨国立大学 山梨大学 北海道大学	日本产业技术综合研究所 国立材料科学研究所	川崎重工业株式会社 东芝集团 三菱重工业株式会社 三井物产株式会社 神钢集团
德国	柏林工业大学	弗朗霍夫协会 航空航天中心 燃料电池中心 马普钢铁研究所	Sunfire 公司 爱尔铃克铃尔股份公司
法国	蒙彼利埃大学 勃艮第－弗朗什孔泰大学	原子能和替代能源委员会 国家科学研究中心	ENGIE 集团 液化空气集团 HySiLabs 公司
英国	伯明翰大学 帝国理工学院 剑桥大学 斯特拉斯克莱德大学 圣安德鲁斯大学	—	庄信万丰公司 ITM Power 公司

1. 中国

中国氢能研发起步较晚，正处于发展阶段，不同性质的研发力量也正在加速成长中。基于 2018—2022 年国家重点研发计划“氢能技术”相关重点专项的牵头机构分析，可发现中国科学院、国家电网系统以及近 10 家大学和 6 家企业是国内承担科技部氢能项目的主要力量。

2. 美国

美国具备氢能先进技术的机构较多，企业、大学和科研机构的实力均较强，比如 3M 公司、Proton Energy Systems 公司、Giner ELX 公司、康明斯公司、麻省理工学院、佐治亚理工学院、范德堡大学、能源部国家可再生能源实验室等均参与氢能项目的次数较多，对美国的氢能技术研发起较大的推动作用。其中，3M 公司在所有机构中承担项目最多。

3. 日本

日本在氢能发展上具备先发优势和较深厚的基础，参与氢能技术研发项目的机构众多，且在 4 个一级技术、12 个二级技术涉猎最为广泛，优势研发机构涉及产学研各界，以日本产业技术综合研究所、东北大学、九州大学、东京工业大学、京都大学、东京大学、川崎重工业株式会社为代表。其中，日本产业技术综合研究所和东北大学在所有机构中承担项目最多。

4. 德国

德国氢能技术主要研发力量为企业和科研机构，包括 Sunfire 公司、弗朗霍夫协会、爱尔铃克铃尔股份公司、航空航天中心、柏林工业大学等。其中，Sunfire 公司和弗朗霍夫协会在所有机构中承担项目最多。

5. 法国

法国原子能和替代能源委员会、国家科学研究中心、蒙彼利埃大学、ENGIE 集团、液化空气集团等参与氢能项目的数量较多，是国家氢能技术的主要研发力量，并以国立科研机构为主力军。其中，原子能和替代能源委员会在所有机构中承担项目最多，远超其他机构。

6. 英国

在本书调研数据中，英国参与氢能项目机构总体较少，以伯明翰大学、帝国理工学院、庄信万丰公司为主要研发力量。

2.3 氢能基础研究态势分析

本节基于电力氢能领域研究论文的定量分析，重点聚焦电解制氢、大容量长周期储氢、电力用氢、电氢耦合 4 个技术方向，呈现全球基础研究发展态势，挖掘前沿研究热点。

2.3.1 全球研究态势分析

（1）2003—2022 年是全球电力氢能研究的快速增长期。通过在 Web of Science 文献数据库平台进行关键词检索，获得 2003—2022 年全球电力氢能领域发表的科研论文 21 831 篇（文献类型为 article），对论文的发文量趋势分析显示，全球电力氢能领域研究论文发文量在 2003—2022 年快速增长，4 个五年期复合增长率（CGR）[①] 达到 55.5%（表 2.5）。从技术方向来看，电力用氢领域发文量最多但增速相对较慢，电解制氢领域发文

表 2.5 2003—2022 年全球电力氢能领域发文量及增长情况

技术方向	发文量 / 篇					2018—2022 年占比 /%	4 个五年期 CGR/%
	合计	2003—2007 年	2008—2012 年	2013—2017 年	2018—2022 年		
电解制氢	4 231	89	394	973	2 775	65.6	214.7
大容量长周期储氢	8 850	923	2 255	2 605	3 067	34.7	49.2
电力用氢	39 439	4 704	10 117	11 070	13 548	34.4	42.3
电氢耦合	5 874	158	462	1 166	4 088	69.6	195.8
总体	55 767	5 801	12 947	15 188	21 831	39.1	55.5

注：由于一篇论文可能会涉及多个技术方向，因此总体值小于各技术方向之和，全书余同。

① $CGR(t_0, t_n)=\left[\left(\frac{V(t_n)}{V(t_0)}\right)^{\frac{1}{t_n-t_0}}-1\right]\times 100\%$，其中 t_0 指初始期，表 2.5 中为 2003—2007 年第一个五年期；t_n 是结束期，表 2.5 中为 2018—2022 年第四个五年期；$V(t_0)$ 是 2003—2007 年论文发文量，$V(t_n)$ 是 2018—2022 年论文发文量。本书中 CGR 值均按照上述公式进行核算。

量增速最快。尤其是2018—2022年，全球氢能发文量占2003—2022年的39.1%，其中电氢耦合和电解制氢技术方向占比均超过60%。

进一步聚焦2018—2022年发文情况（表2.6）发现，电力用氢方向发文量仍最多，但在整个电力氢能领域占比（62.1%）低于2003—2022年水平（70.7%）；电氢耦合方向发文量占比则从2003—2022年的10.5%增至18.7%，表明电氢耦合方向的研究在2018—2022年受到较多关注。在增速方面，根据2018—2022年发文量复合年均增长率（CAGR）① 看，增速最快的技术方向为电氢耦合，超过了电解制氢。

表2.6　2018—2022年全球电力氢能领域发文量及增长情况

技术方向	发文量/篇						2018—2022年CAGR/%
	合计	2018年	2019年	2020年	2021年	2022年	
电解制氢	2 775	323	440	503	656	853	27.5
大容量长周期储氢	3 067	534	537	539	679	778	9.9
电力用氢	13 548	2 272	2 389	2 735	3 023	3 129	8.3
电氢耦合	4 088	413	648	815	1 002	1 210	30.8
总体	21 831	3 335	3 738	4 276	4 974	5 508	13.4

（2）中国对全球电力氢能领域的研究贡献正在逐步扩大，尤其是电力用氢方向。统计2018—2022年除中国外的全球发文量（表2.7）发现，扣除中国发表论文后，全球电力氢能领域发文总量、各技术方向发文量和复合年均增长率都出现了明显降低，这表明中国在全球氢能研究中发挥着举足轻重的作用。尤其是电力用氢技术方向，去除中国后，发文量降幅高达40.0%，而且出现年度发文量下降趋势，更加说明了中国在该技术方向的重要作用。

① $CAGR(t_0, t_n)=\left[\left(\frac{V(t_n)}{V(t_0)}\right)^{\frac{1}{t_n-t_0}}-1\right]\times 100\%$，其中 t_0 指初始年，表2.6中为2018年，t_n 是结束年，表2.6中为2022年；$V(t_0)$ 是起始年论文发文量，表2.6中为2018年发文量，$V(t_n)$ 是结束年论文发文量，表2.6中是2022年发文量。本书中CAGR值均按照上述公式进行核算。

表 2.7　2018—2022 年全球（除中国外）电力氢能领域发文量及复合年均增长率

技术方向	发文量 / 篇						2018—2022 年 CAGR/%
	合计	2018 年	2019 年	2020 年	2021 年	2022 年	
电解制氢	1 952	254	334	370	467	527	20.0
大容量长周期储氢	2 046	374	363	360	468	481	6.5
电力用氢	8 131	1 576	1 578	1 700	1 724	1 553	–0.4
电氢耦合	3 090	351	509	640	757	833	24.1
总体	13 956	2 382	2 558	2 821	3 111	3 084	6.7

2.3.2 中国研究态势分析

（1）中国是 2018—2022 年电力氢能研究最为活跃的国家。如表 2.8 所示，2018—2022 年，中国在电力氢能领域总体发文量占全球 36.1%，且增速（26.3%）接近全球（13.4%）的 2 倍。其中，电氢耦合技术方向发文量增速最快（57.0%），电力用氢领域发文量最多且全球占比最高（40.0%），同时也保持了旺盛的增长力，复合年均增长率接近氢能总体水平。

（2）中国在电力氢能研究方面具备相对较高的影响力。如表 2.9 所示，中国在电力氢能领域发表论文占全球三成以上，从论文被引情况来看，

表 2.8　2018—2022 年中国电力氢能领域发文量、复合年均增长率及全球占比

技术方向	发文量 / 篇						2018—2022 年 CAGR/%	2018—2022 年 全球占比 /%
	合计	2018 年	2019 年	2020 年	2021 年	2022 年		
电解制氢	823	69	106	133	189	326	47.4	29.7
大容量长周期储氢	1021	160	174	179	211	297	16.7	33.3
电力用氢	5417	696	811	1035	1299	1576	22.7	40.0
电氢耦合	998	62	139	175	245	377	57.0	24.4
总体	7875	953	1180	1455	1863	2424	26.3	36.1

中国发表论文的篇均被引频次（17.9 次）略高于全球水平（17.7 次），除大容量长周期储氢之外，其他技术方向的论文相对篇均被引（RACR）① 均超过 1，即超出全球平均水平，表明中国在电力氢能领域具备相对较高的研究影响力。

表 2.9　2018—2022 年全球及中国电力氢能领域论文篇均被引频次

技术方向	发文量 / 篇		篇均被引频次 / 次		RACR
	全球	中国	全球	中国	
电解制氢	2 775	823	19.4	21.2	1.1
大容量长周期储氢	3 067	1 021	18.5	17.3	0.9
电力用氢	13 548	5 417	14.9	16.5	1.1
电氢耦合	4 088	998	21.5	22.4	1.0
总体	21 831	7 875	17.7	17.9	1.0

（3）中国是电力氢能领域高水平研究论文的主要来源国。从高被引论文 ② 数量来看，中国发表论文占全球的 41.0%（表 2.10），是高影响力论文的主要贡献者，尤其是电力用氢技术方向高被引论文占比接近全球一半（46.7%）。就高被引论文产出率而言，大部分技术方向均超过 10%，仅大容量长周期储氢方向未能达到全球水平。

表 2.10　2018—2022 年全球及中国电力氢能领域入选全球高被引论文数量及占比情况

技术方向	高被引论文数量 / 篇		中国高被引论文产出率 /%	中国高被引论文全球占比 /%
	全球	中国		
电解制氢	278	84	10.2	30.2
大容量长周期储氢	307	99	9.7	32.2
电力用氢	1355	633	11.7	46.7
电氢耦合	409	104	10.4	25.4
总体	2183	894	11.4	41.0

① RACR 是指某国论文篇均被引频次除以全球论文篇均被引频次，反映某国论文相对于全球平均水平的影响力。

② 高被引论文是 2018—2022 年各关键技术中所有论文按被引频次排在前 10% 的论文。

2.3.3 国家对比分析

对比分析 2018—2022 年全球发文量排名前 5 的国家（除中国之外）及中国的情况（表 2.11）可知，中国（7875 篇）是电力氢能领域发表论文数量最多的国家，其次是美国（2419 篇）和英国（2300 篇）。从论文篇均被引频次[①]来看，南非以 31.5 次高居榜首，其次为以色列（31.2 次）、新加坡（28.3 次），而中国位居第 38（17.9 次）。从高被引论文数量来看，中国以 894 篇成为电力氢能领域发表高被引论文数量最多的国家，其次是美国（396 篇）和伊朗（216 篇）。综上可知，中国在电解制氢领域开展了大量研究工作，产生了丰硕的研究成果以及大量高影响力的成果，但整体影响力仍有提升空间。

表 2.11　电力氢能领域国家发文量、篇均被引频次和高被引论文数量排名［排名前 5 的国家（除中国之外）及中国］

国家	发文量 / 篇	排名	国家	篇均被引频次 / 次	排名	国家	高被引论文数量 / 篇	排名
中国	7875	1	南非	31.5	1	中国	894	1
美国	2419	2	以色列	31.2	2	美国	396	2
英国	2300	3	新加坡	28.3	3	伊朗	216	3
韩国	1759	4	阿联酋	26.5	4	德国	196	4
德国	1758	5	荷兰	26.0	5	英国	195	5
印度	1127	6	中国	17.9	38	加拿大	137	5

2.3.4 研究前沿主题分析

根据前沿主题综合指数，电力氢能领域排名前 30 的前沿主题如表 2.12 所示。大容量长周期储氢技术方向入选前 30 位前沿主题的数量最多（10 个主题）；电力用氢和电氢耦合均为 8 个主题；电解制氢最少（4 个主题），但该方向有 3 个主题进入了前 10。大容量长周期储氢方向的前沿主题中，有机液体储氢技术主题数量最多；电力用氢方向重点聚焦于固体氧化物燃

① 篇均被引频次以国家平均发表论文数设置阈值，高于阈值的国家按篇均被引进行排序，以减少某些论文数量较少国家被其发表的高被引论文影响的情况。

料电池和质子交换膜燃料电池；电氢耦合方向前沿主题分布于风光制氢、氢能与电网互动和 Power-to-X 3 项技术；电解制氢方向，质子交换膜电解制氢技术没有前沿主题入选，入选主题主要涉及固体氧化物电解制氢和阴离子交换膜电解制氢。

进一步聚焦排名前 10 的前沿主题，阴离子交换膜电解制氢、有机液体储氢、低温液态储氢、质子交换膜燃料电池均有 2 个主题入选。排名首位的前沿主题是“可逆固体氧化物电池电极反应机理”。可逆固体氧化物电池可作为电解槽和燃料电池交替运行，能够起到调峰储能、应急发电等作用，在电力系统中具有较大应用潜力，对电极反应机理的深入理解有助于寻求优化反应性能的解决方案。“阴离子交换膜材料性能研究”排名第二。阴离子交换膜电解制氢是当前较为新兴的电解制氢技术，结合了碱性电解制氢和质子交换膜电解制氢的优点，尚处于研发阶段，阴离子交换膜是其关键部件，极大地决定了电解槽的性能，是该技术的研发重点。居于第三位的前沿主题是“有机液体储氢加氢－脱氢催化剂研究”。有机液体储氢具有储氢密度高、储运安全便捷等优点，其难点在于加氢、脱氢反应较为复杂，难以控制，催化剂开发是其重点方向之一。

表 2.12　2018—2022 年全球电力氢能领域排名前 30 的前沿主题

技术方向	技术主题	前沿主题	主题新颖度	主题强度	主题影响力	主题增长度	前沿主题综合指数
电解制氢	固体氧化物电解制氢	可逆固体氧化物电池电极反应机理	1.00	1.00	1.00	0.76	0.93
电解制氢	阴离子交换膜电解制氢	阴离子交换膜材料性能研究	0.86	0.73	1.00	1.00	0.89
大容量长周期储氢	有机液体储氢	有机液体储氢加氢－脱氢催化剂研究	1.00	0.56	1.00	0.96	0.87
大容量长周期储氢	低温液态储氢	新型氢液化工艺开发	1.00	1.00	0.96	0.56	0.85
电力用氢	质子交换膜燃料电池	质子交换膜燃料电池电堆降解机理研究	1.00	0.88	0.84	0.61	0.80
大容量长周期储氢	低温液态储氢	氢液化工艺能效及经济性评估	0.91	0.79	1.00	0.57	0.79

续表

技术方向	技术主题	前沿主题	主题新颖度	主题强度	主题影响力	主题增长度	前沿主题综合指数
电力用氢	质子交换膜燃料电池	质子交换膜燃料电池低铂含量高活性催化剂研究	0.61	1.00	1.00	0.65	0.79
电解制氢	阴离子交换膜电解制氢	阴离子交换膜合成策略研究	1.00	1.00	1.00	0.37	0.78
大容量长周期储氢	有机液体储氢	甲酸储氢研究	0.91	0.79	0.69	0.78	0.78
电力用氢	固体氧化物燃料电池	中温固体氧化物燃料电池复合阴极研究	0.56	1.00	0.78	0.83	0.78
大容量长周期储氢	有机液体储氢	新型液态有机氢载体材料发现	0.81	0.71	1.00	0.43	0.77
电解制氢	固体氧化物电解制氢	固体氧化物电解槽电堆稳定性研究	0.96	0.27	1.00	0.91	0.77
电氢耦合	风光制氢	可再生能源与制氢集成的优化设计	0.38	1.00	0.91	0.90	0.76
电氢耦合	氢能与电网互动	基于氢能的可再生能源并网优化控制	1.00	0.81	0.65	0.67	0.75
电氢耦合	Power-to-X	电解制氢结合二氧化碳合成高价值化学品 / 燃料	0.96	1.00	0.37	0.64	0.74
大容量长周期储氢	有机液体储氢	高选择性脱氢催化剂研究	0.51	1.00	0.48	1.00	0.74
电氢耦合	风光制氢	风、光、氢混合系统的运行灵活性分析	0.92	0.00	0.94	0.88	0.73
电氢耦合	风光制氢	风、光、氢混合系统的技术经济性分析	1.00	0.71	0.31	0.87	0.73
电力用氢	固体氧化物燃料电池	固体氧化物燃料电池高活性氧还原催化剂研究	1.00	0.90	0.54	0.42	0.73
电氢耦合	Power-to-X	电转气（Power-to-Gas）的技术经济和环境性评估	1.00	0.67	0.30	0.89	0.72

续表

技术方向	技术主题	前沿主题	主题新颖度	主题强度	主题影响力	主题增长度	前沿主题综合指数
电力用氢	固体氧化物燃料电池	固体氧化物燃料电池电解质材料开发及性能表征	0.68	1.00	0.46	0.66	0.70
电力用氢	固体氧化物燃料电池	固体氧化物燃料电池运行性能模拟	0.41	0.69	1.00	0.80	0.70
电氢耦合	氢能与电网互动	基于氢能的可再生能源并网综合能量管理	0.60	0.54	0.64	0.79	0.68
大容量长周期储氢	金属固态储氢	金属氢化物合金吸氢动力学研究	0.62	0.30	0.92	0.75	0.67
电力用氢	质子交换膜燃料电池	质子交换膜燃料电池气体传输特性研究	0.44	0.56	0.73	0.80	0.66
大容量长周期储氢	金属固态储氢	新型金属有机骨架储氢材料开发	0.47	1.00	0.24	1.00	0.65
电力用氢	氢燃气轮机	贫预混氢燃气轮机的燃烧动力学分析	0.63	1.00	1.00	0.00	0.65
大容量长周期储氢	地质储氢	盐穴储氢能力评估	1.00	1.00	0.00	1.00	0.65
大容量长周期储氢	地质储氢	地质储氢的氢气渗透研究	0.91	0.65	1.00	0.00	0.65
电氢耦合	风光制氢	可再生能源混合氢能的分布式系统设计	0.27	0.61	0.82	1.00	0.64

2.4 电力氢能技术开发态势分析

本节基于电力氢能领域发明专利的定量分析，聚焦电解制氢、大容量长周期储氢、电力用氢、电氢耦合4个技术方向，呈现全球技术开发态势，明确重点布局方向。

2.4.1 全球技术开发态势分析

（1）2003—2022 年，全球电力氢能领域技术创新持续活跃，尤其在 2018—2022 年蓬勃发展。本书采用关键词检索方式，在 incoPat 专利数据库平台检索并经同族专利合并，获得 2003—2022 年全球电力氢能领域共计 25 919 项发明专利。对上述专利的申请量分析显示（表 2.13），全球电力氢能技术开发已发展至一定规模，4 个五年期复合增长率为 12.2%。2018—2022 年电解制氢技术开发尤为活跃，有 3 个技术方向专利申请量超过 2003—2022 年总量的 40%。从技术方向来看，电力用氢技术方向专利数量最多但呈现负增长，电解制氢、电氢耦合技术方向保持较快增速。

表 2.13　2003—2022 年全球电力氢能领域发明专利申请量及增长情况

技术方向	专利申请量 / 项					2018—2022 年占比 /%	4 个五年期 CGR/%
	合计	2003—2007 年	2008—2012 年	2013—2017 年	2018—2022 年		
电解制氢	1 762	134	207	406	1 015	57.6	96.4
大容量长周期储氢	2 459	420	337	438	1 264	51.4	44.4
电力用氢	17 523	5 120	4 455	3 649	4 299	24.5	–5.7
电氢耦合	4 006	509	734	802	1 961	49.0	56.8
总体	25 919	6 090	5 907	5 310	8 612	33.2	12.2

注：由于一项专利可能会涉及多个技术方向，因此总体值小于各技术方向之和，全书余同。

进一步聚焦 2018—2022 年的全球电力氢能领域发明专利申请量（表 2.14）发现，电力用氢技术方向专利申请量最多，但在整个电力氢能领域占比（49.9%）低于 2003—2022 年水平（67.6%）；电氢耦合方向专利申请量占比则从 2003—2022 年的 15.5% 增至 22.8%，表明电氢耦合方向的研究在 2018—2022 年受到较多关注。在增速方面，2018—2022 年发文量增长最快的技术方向为电氢耦合，超过了电解制氢。

表 2.14　2018—2022 年全球电力氢能领域发明专利申请量及增长情况

技术方向	专利申请量 / 项						2018—2022 年 CAGR/%
	合计	2018 年	2019 年	2020 年	2021 年	2022 年	
电解制氢	1015	110	148	161	280	316	30.2
大容量长周期储氢	1264	125	183	242	350	364	30.6
电力用氢	4299	718	827	812	1013	929	6.7
电氢耦合	1961	207	267	278	574	635	32.3
总体	8612	1247	1389	1444	2156	2376	17.5

（2）中国对全球电力氢能领域的研究贡献正在逐步扩大，尤其是电力用氢技术方向。统计 2018—2022 年除中国外的全球发明专利申请量（表 2.15）发现，扣除中国受理专利后，全球电力氢能领域专利申请总量、各技术方向专利申请量和复合年均增长率都出现了明显降低，表明中国在全

表 2.15　2018—2022 年全球电力氢能领域发明专利申请量及增长情况（除中国外）

技术方向	专利申请量 / 项						2018—2022 年 CAGR/%
	合计	2018 年	2019 年	2020 年	2021 年	2022 年	
电解制氢	492	104	85	101	124	78	–6.9
大容量长周期储氢	429	65	76	94	133	61	–1.6
电力用氢	1872	463	420	391	404	194	–19.5
电氢耦合	585	107	108	115	173	82	–6.4
总体	3500	706	672	695	829	598	–4.1

球氢能研究中发挥着举足轻重的作用。尤其是电力用氢技术方向，去除中国后，申请量降幅高达 56.5%，而且出现年度专利申请量下降趋势，更加说明了中国在该技术方向的重要作用。

2.4.2 中国技术开发态势分析

（1）中国是全球电力氢能领域最重要的专利技术布局市场。如表 2.16 所示，2018—2022 年，中国在电力氢能领域专利受理数量占全球 65.0%，且各技术方向占比均超过 60%。就增长速度来看，中国专利受理量复合年均增长率（31.9%）也大幅超过全球水平（17.5%），且在电解制氢技术方向保持了旺盛的增长势头。

表 2.16　2018—2022 年中国电力氢能领域发明专利受理量、复合年均增长率及全球占比

技术方向	专利受理量 / 项						2018—2022 年 CAGR/%	2018—2022 年全球占比 /%
	合计	2018 年	2019 年	2020 年	2021 年	2022 年		
电解制氢	630	48	80	80	175	247	50.6	62.1
大容量长周期储氢	894	69	122	161	230	312	45.8	70.7
电力用氢	2768	393	483	468	668	756	17.8	64.4
电氢耦合	1436	119	169	177	410	561	47.4	73.2
总体	5599	614	815	862	1448	1860	31.9	65.0

（2）中国也是全球电力氢能领域最重要的专利技术来源国。如表 2.17 所示，2018—2022 年，中国机构在电力氢能总体领域专利申请数量占全球 61.0%，且各技术方向占比均达到一半以上。就增长速度来看，中国机构的专利申请量复合年均增长率（35.0%）也大幅超过全球水平（17.5%），且在电解制氢、电氢耦合等技术方向保持了旺盛的增长势头。

（3）中国在电力氢能领域具备一定的核心技术竞争力，但高质量专利产出能力还有待加强。从高价值专利申请情况来看（表 2.18），中国机构在电力氢能领域申请的高价值专利占全球半数以上（59.4%）；但高价值专利产出率为 28.8%，略低于全球水平（29.6%）。从技术方向来看，

表 2.17　2018—2022 年中国电力氢能领域发明专利申请量、复合年均增长率及全球占比

技术方向	专利申请量 / 项						2018—2022 年 CAGR/%	2018—2022 年全球占比 /%
	合计	2018 年	2019 年	2020 年	2021 年	2022 年		
电解制氢	561	34	66	61	159	241	63.2	55.3
大容量长周期储氢	854	67	109	150	224	304	45.9	67.6
电力用氢	2565	335	429	438	623	740	21.9	59.7
电氢耦合	1409	119	164	165	404	557	47.1	71.9
总体	5254	545	737	797	1363	1812	35.0	61.0

表 2.18　2018—2022 年全球及中国电力氢能领域高价值专利申请情况

技术方向	高价值专利申请量 / 项		高价值专利产出率 /%		中国高价值专利全球占比 /%
	全球	中国	全球	中国	
电解制氢	285	130	28.1	16.1	45.6
大容量长周期储氢	337	224	26.7	25.1	66.5
电力用氢	1241	697	28.9	25.2	56.2
电氢耦合	478	326	24.4	22.7	68.2
总体	2548	1514	29.6	28.8	59.4

电解制氢的高价值专利产出率与全球水平差距较大，其他 3 个技术方向与全球相比差异不大。

2.4.3 国家对比分析

从全球电力氢能领域发明专利受理国分布来看（表 2.19），中国（5599 项）是受理电力氢能专利数量最多的国家，其次是韩国（784 项）和日本（710 项）；中国同时是该领域最主要的专利技术来源国，申请了 5254 项专利，其次为日本（871 项）和韩国（836 项）。同时，中国也是电力氢能高价值专利的最大布局市场和技术来源国。在高价值专利产出能力方面，中国有 28.8% 的专利转化为高价值专利，日本、韩国高价值专利产出率分别为 33.1%、24.0%。

表2.19 电力氢能领域国家发明专利数量、高价值专利数量排名
［排名前5的国家（除中国之外）及中国］

所有专利					
专利受理国	受理量/项	排名	专利申请国	受理量/项	排名
中国	5599	1	中国	5254	1
韩国	784	2	日本	871	2
日本	710	3	韩国	836	3
美国	608	4	美国	634	4
德国	153	5	德国	241	5
印度	116	6	法国	126	6
高价值专利					
专利受理国	受理量/项	排名	专利申请国	受理量/项	排名
中国	1617	1	中国	1514	1
美国	357	2	日本	288	2
日本	211	3	美国	275	3
韩国	173	4	韩国	201	4
印度	52	5	德国	46	5
英国	13	6	法国	42	6

从专利流向（图2.12、图2.13）来看，中国（98.86%）、韩国（91.62%）机构大部分在本国申请专利，而美国、德国较为重视国际市场。中国机构申请的国际专利零星分布于世界知识产权组织、韩国、美国、日本等，其中高价值专利主要集中于中国（99.20%）。日本机构在日本（75.32%）、中国（11.48%）以及美国（5.17%）等地申请了大量专利，其中高价值专利主要分布在日本（63.19%）、美国（14.24%）以及中国（13.89%）等。韩国的国际专利主要布局于美国、中国以及国际市场（世界知识产权组织），其中高价值专利除在韩国（80.10%）布局外，主要布局于美国（9.95%）。美国十分重视国际专利布局，国际专利占其专利申请量的43.22%，主要布局在世界知识产权组织（11.67%）、日本（6.94%）以及中国（6.94%）等，高价值专利则集中在美国（67.64%）、中国（8.37%）、

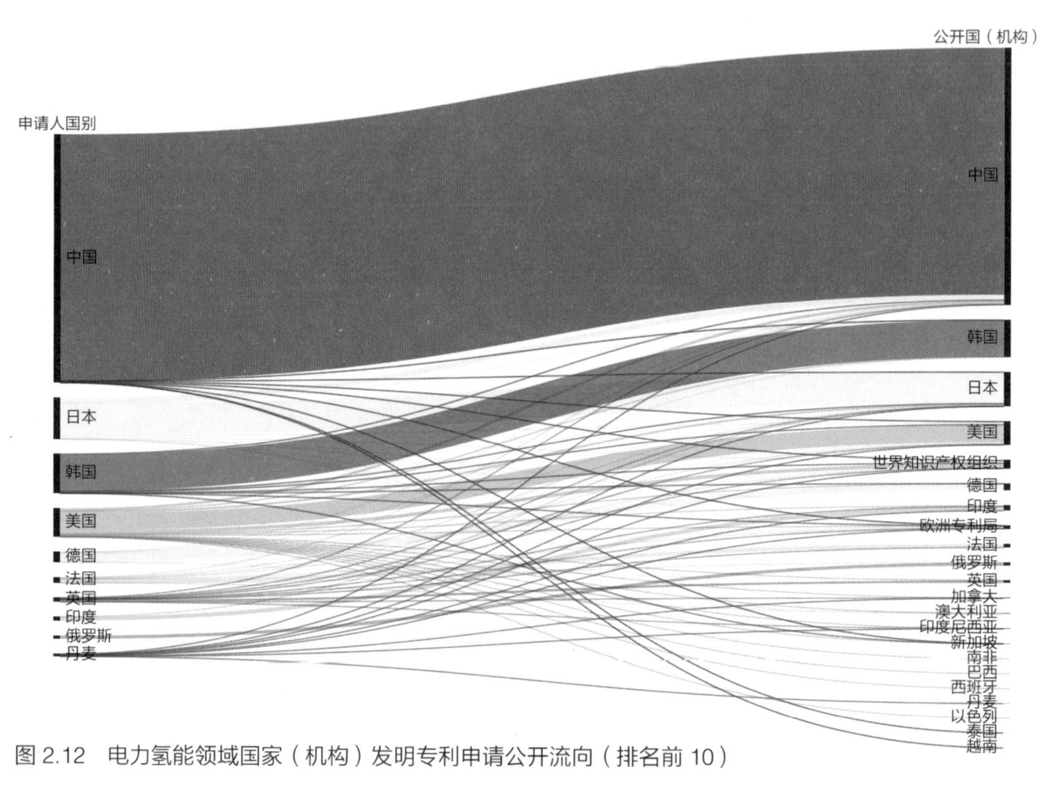

图 2.12　电力氢能领域国家（机构）发明专利申请公开流向（排名前 10）

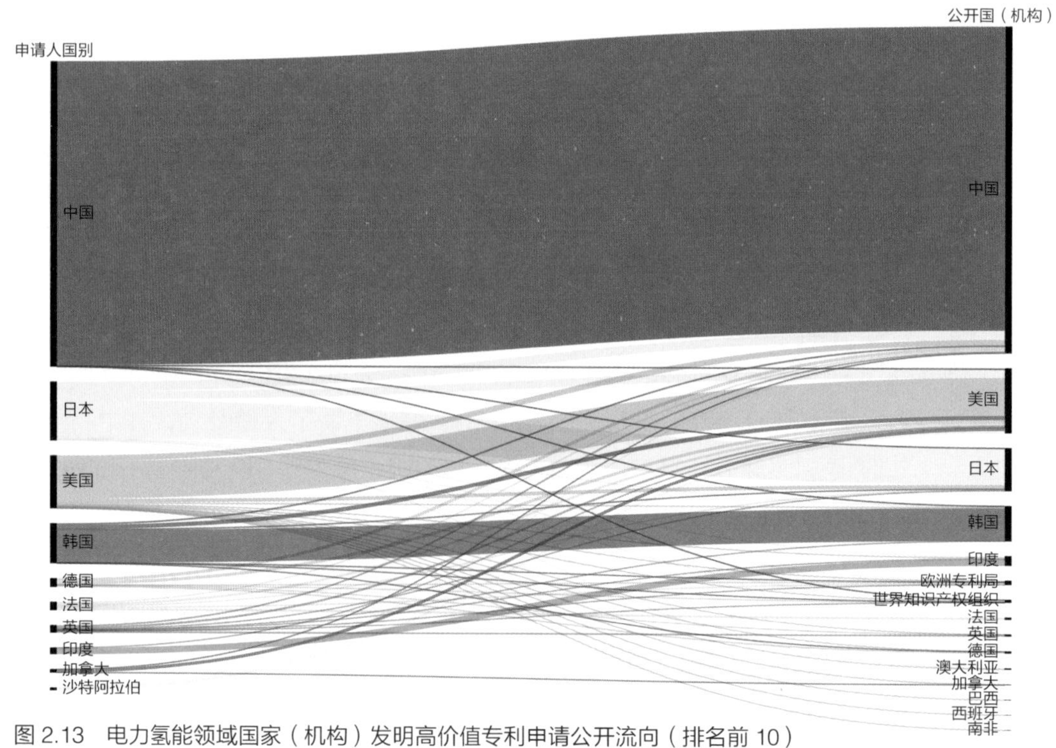

图 2.13　电力氢能领域国家（机构）发明高价值专利申请公开流向（排名前 10）

日本（6.55%）等。德国和法国专利申请量分别位居第五、第六，其国际专利布局分散，但高价值专利除了布局在本国外，主要集中于中国和美国。

2.4.4 技术布局重点方向分析

对 2018—2022 年电力氢能领域相关发明专利进行分析，通过专利聚类词云图（图 2.14）可以看出，2018—2022 年电力氢能领域专利布局围绕如下方面展开：①燃料电池，包括固体氧化物燃料电池、质子交换膜燃料电池、阴离子交换膜燃料电池等；②制氢电解槽，侧重于固体氧化物电解槽，还包括催化剂层、膜电极、电堆等；③可再生能源制氢，包含能源系统、风力发电、制氢系统以及并网等方面；④储氢，涉及储氢材料、储氢合金、液化系统等；⑤集成系统，涉及联供系统、氢燃烧器，以及可再生燃料等。

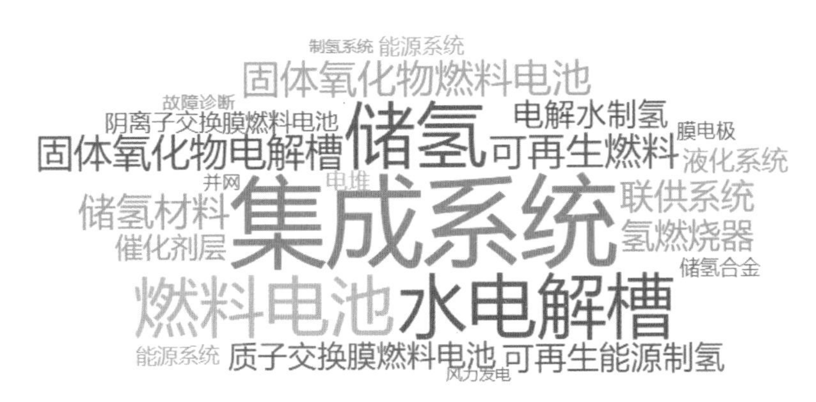

图 2.14　2018—2022 年电力氢能领域发明专利关键词词云

资料来源：图片为 incoPat 专利平台经检索电力氢能相关发明专利后对关键词聚类生成

基于 IPC 分类号对电力氢能领域发明专利申请量进行排序，前 30 位如表 2.20 所示，可见电力氢能领域技术开发主要布局方向为：①燃料电池及电极、催化剂等关键组件，以及相关制造技术；②电解槽及电极、隔膜、催化剂等组件，以及操作和维护；③氢气处理及存储，如氢的分离、净化，储氢容器及其零部件；④氢能与电网相关，涉及风力涡轮机等发电装置，相关电路装置，电网管理、信息通信技术及储能装置；⑤氢液化装置、储氢容器等；⑥氢气提纯、气体分离等；⑦氢燃气轮机及其燃烧器等。

表 2.20 2018—2022 年全球电力氢能领域发明专利主要布局方向（基于 IPC 大组前 30 位）

IPC 分类号	释义	专利族数量 / 项
H01M8	燃料电池及其制造	4150
C25B1	无机化合物或非金属的电解生产	1736
H01M4	电极	1288
C25B9	电解槽或其组合件；电解槽构件；电解槽构件的组合件，例如电极－膜组合件，与工艺相关的电解槽特征	1117
C01B3	氢；含氢混合气；从含氢混合气中分离氢；氢的净化	783
H02J3	交流干线或交流配电网络的电路装置	630
C25B15	电解槽的操作或维护	589
F17C13	容器或容器装填排放的零部件	450
C25B11	电极；不包含在其他位置的电极的制造	413
H02J15	存储电能的系统	241
G06Q50	特别适用于特定商业行业的系统或方法，例如公用事业或旅游	237
G06Q10	行政；管理	211
C25B13	隔膜；间隔元件	197
F17C5	液化、固化或压缩气体装入压力容器的方法和设备	177
B01J23	不包含在 B01J21/00 组中的，包含金属或金属氧化物或者氢氧化物的催化剂	171
B01D53	气体或蒸气的分离；从气体中回收挥发性溶剂的蒸气；废气如发动机废气、烟气、烟雾、烟道气或气溶胶的化学或生物净化	165
F02C3	以利用燃烧产物作为工作流体为特点的燃气轮机装置	163
F03D9	特殊用途的风力发动机；风力发动机与受它驱动的装置的组合	162
F17C11	在容器中使用气体溶剂或气体吸收剂	162
H02J7	用于电池组的充电或去极化或用于由电池组向负载供电的装置	151
F17C1	压力容器，如气瓶、气罐、可替换的筒	144
C02F1	水、废水或污水的处理	138
G06F30	计算机辅助设计（computer aided design，CAD）	138
F25J1	气体或气体混合物液化或固化的方法或设备	135
F17C3	非压力容器	133
F02C6	复式燃气轮机装置；燃气轮机装置与其他装置的组合（关于这些装置的主要方面见这些装置的有关的类）；特殊用途的燃气轮机装置	126
F02C7	不包含在组 F02C1/00 至组 F02C6/00 中的或与上述各组无关的特征、部件、零件或附件；喷气推进装置的进气管	125
B82Y30	用于材料和表面科学的纳米技术，如纳米复合材料	111
F23D14	燃烧气体燃料的燃烧器，如加压以液态贮存的气体燃料	104
F01D15	适用于特殊用途的机器或发动机；发动机与其从动装置的组合装置（调节或控制见有关各组；主要是涉及从动装置方面的，见装置的有关各类）	103

2.5 技术发展趋势

氢能与电力系统的结合重点在于利用电解制氢以及燃料电池、热电联产、燃气轮机等技术实现电–氢–电的并网互动，同时结合高效储氢技术提供多种尺度的灵活性，有效促进风、光等波动性可再生能源的消纳。同时，如何更好地将氢能与电网结合，实现更灵活的匹配以及实现风光等波动性能源资源的高效互补也是电力氢能领域的重点技术方向。

电解制氢技术重点发展质子交换膜电解制氢技术和固体氧化物电解制氢技术，以及近年来新兴的阴离子交换膜电解制氢技术，前沿发展方向聚焦在高效低成本催化剂和电极材料发现及可控合成、低成本高性能耐用电解质研究等方面，未来将实现可再生能源电解制氢的低成本、高性能、长寿命规模化运行。

大容量长周期储氢技术重点发展金属固态储氢和有机液体储氢等载体储氢技术，以实现经济、高效、安全的储氢方式，前沿发展方向聚焦于金属氢化物、复合氢化物、多孔材料、液体有机氢载体等储氢材料，基于盐穴、枯竭油气藏的地质储氢技术也可成为有力补充。

电力用氢技术将以燃料电池为核心开展全方位布局，前沿发展方向聚焦于通过电解质、催化剂、电极开发以及电堆和系统优化提升质子交换膜燃料电池、固体氧化物燃料电池等技术的性能和经济性，开发阴离子交换膜燃料电池、质子陶瓷燃料电池等前沿技术，并通过发展氢燃气轮机、热电联产等技术实现氢能在电力领域多样化应用。

电氢耦合技术将以风光制氢为重点，同时需要进一步发展其他技术，如风光制氢与Power-to-X相结合，探索进一步生产氢基燃料和化学品（如氨、甲烷、甲醇、合成气等）的技术路线，形成可再生能源多元输入、电/热/气/燃料/化学品多元输出的多能融合系统，实现波动性可再生能源大规模、高比例发展。

第3章 电解制氢技术发展趋势分析

本章重点针对电解制氢技术方向进行定量分析，包括质子交换膜电解制氢、固体氧化物电解制氢和阴离子交换膜电解制氢3项关键技术，基于国际战略规划、项目部署、科研论文和发明专利等数据进行总结分析，明确全球及重点国家的技术布局重点和优势研发力量，揭示全球及中国的基础研究态势和技术开发态势。

3.1 战略规划布局分析

全球在电解制氢技术方向的战略布局重点关注碱性电解制氢、质子交换膜电解制氢、阴离子交换膜电解制氢和固体氧化物电解制氢。质子交换膜电解制氢以膜电极和双极板等技术为核心，中国在《能源技术革命创新行动计划（2016—2030年）》中提到要突破高效催化剂、聚合物膜、膜电极和双极板等材料与部件核心技术。阴离子交换膜电解制氢以电极和催化剂材料为核心，德国在《国家氢能战略》的灯塔项目中提到要进一步改进阴离子交换膜电解槽电极和催化剂材料。固体氧化物电解制氢以高温与陶瓷电解质为核心，美国《国家清洁氢能战略与路线图》提到固体氧化物电解制氢技术可充分利用核电站的高温余热等，提高技术的商业化程度。

3.2 项目技术布局分析

3.1.1 重点国家项目演变趋势

从项目数量占比来看，重点国家重点部署质子交换膜电解制氢技术，并持续加强对固体氧化物电解制氢技术的支持。2018—2021 年，电解制氢项目中质子交换膜电解制氢项目数量占比最高，约 45.8%，固体氧化物电解制氢占比 31.3%；重点国家质子交换膜电解制氢项目数占比呈下降趋势；固体氧化物电解制氢呈上升趋势；阴离子交换膜电解制氢先升后降，在 2020 年达到顶峰后回落（图 3.1）。

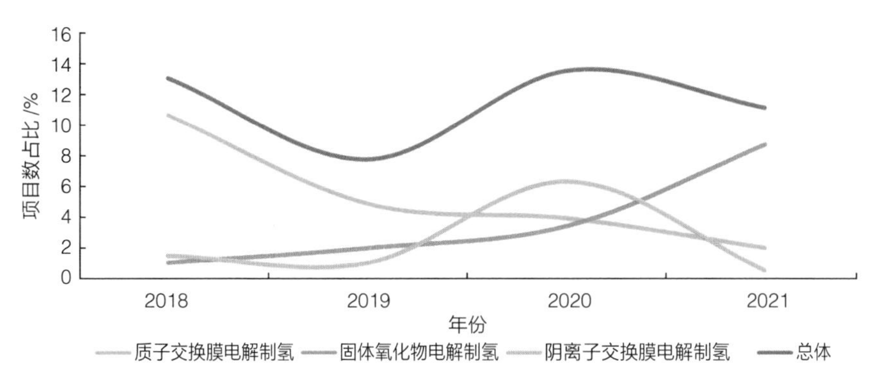

图 3.1 电解制氢技术方向各类项目演变趋势图

3.1.2 重点国家项目布局对比

（1）2018—2022 年，重点国家项目布局以质子交换膜电解制氢和固体氧化物电解制氢为主。根据相关技术在本国氢能项目所占的比重（表 3.1），将超过 5% 的技术视作该国部署重点，可以发现：质子交换膜电解制氢为法国首要部署关键技术，同时中国、美国部署较多；固体氧化物电解制氢为美国首要部署关键技术，同时德国也部署较多；各国对阴离子交换膜电解制氢均有部署，但所占比重不大。

（2）中美两国在电解制氢项目布局趋势上各有侧重，中国以质子交换膜电解制氢为主，美国以固体氧化物电解制氢为主（图 3.2）。从项目

表 3.1 2018—2022 年重点国家电解制氢技术方向布局项目数及占比

国家	质子交换膜电解制氢		固体氧化物电解制氢		阴离子交换膜电解制氢		氢能项目总数 / 项
	布局项目数 / 项	占本国氢能项目比重 /%	布局项目数 / 项	占本国氢能项目比重 /%	布局项目数 / 项	占本国氢能项目比重 /%	
中国	4	5.56	1	1.39	1	1.39	72
美国	6	5.22	11	9.57	1	0.87	115
法国	5	9.43	0	0.00	1	1.89	53
英国	1	2.63	0	0.00	1	2.63	38
德国	0	0.00	3	5.56	1	1.85	54
日本	5	2.44	3	1.46	4	1.95	205

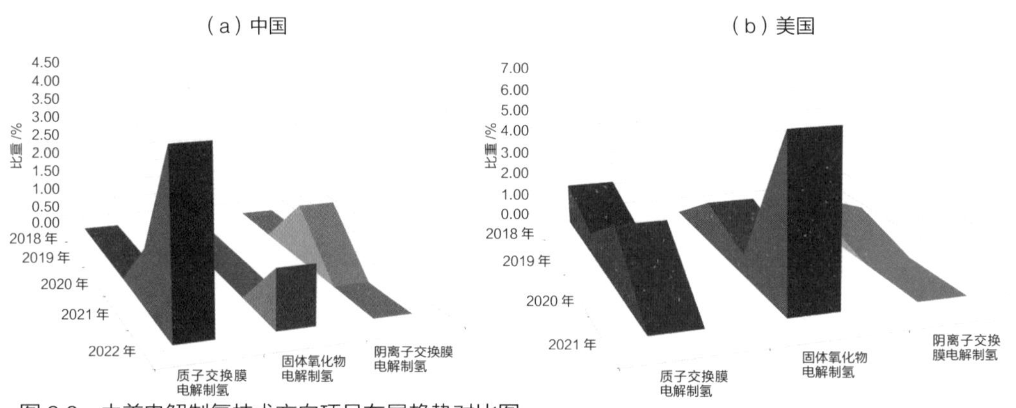

图 3.2 中美电解制氢技术方向项目布局趋势对比图

技术布局范围来看，选择美国作为对标国家来看中国和国际的情况。中美两国 2018—2022 年在电解制氢技术上的布局力度和布局趋势如下：中国、美国的部署重点分别落在质子交换膜电解制氢和固体氧化物电解制氢上。相比美国多年连续部署，中国起步相对较晚，2021 年后质子交换膜电解制氢部署率[①]明显上升，而美国 2021 年对固体氧化物电解制氢的部署率也显著提升。两国在阴离子交换膜电解制氢项目上部署率均不高。

3.1.3 项目主要研发力量

电解制氢项目的承担机构中，较为突出的研发力量包括：美国 3M 公

① 指该国电力氢能领域某关键技术项目数 / 该国氢能项目总数。

司和佐治亚理工学院，法国原子能和替代能源委员会、国家科学研究中心和蒙彼利埃大学，德国 Sunfire 公司，日本产业技术综合研究所，英国 ITM Power 公司等（图 3.3）。

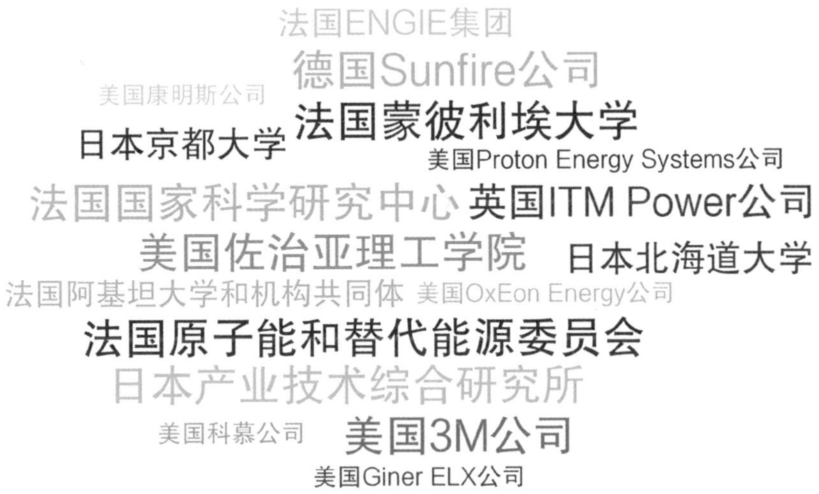

法国ENGIE集团
德国Sunfire公司
美国康明斯公司
日本京都大学
法国蒙彼利埃大学
美国Proton Energy Systems公司
法国国家科学研究中心
英国ITM Power公司
美国佐治亚理工学院
日本北海道大学
法国阿基坦大学和机构共同体
美国OxEon Energy公司
法国原子能和替代能源委员会
日本产业技术综合研究所
美国科慕公司
美国3M公司
美国Giner ELX公司

图 3.3 全球电解制氢技术方向主要研发力量词云

3.3 基础研究态势分析

3.3.1 全球研究态势分析

（1）2003—2022 年，全球电解制氢领域研究保持较高的活跃度和增长速度，尤其是固体氧化物电解制氢。通过在 Web of Science 文献数据库平台进行关键词检索，获得 2003—2022 年全球电解制氢技术方向发表的科研论文 4364 篇（文献类型为 article）。对论文的发文量趋势分析显示，电解制氢相关发文量的 4 个五年期复合增长率高达 212.1%，2018—2022 年发文量占到 2003—2022 年的 65.5%，表现出旺盛的发展势头（表 3.2）。其中，固体氧化物电解制氢无论是发文量还是复合增长率都领先于另两项技术，是电解制氢领域最受关注的技术。质子交换膜电解制氢技术发文量接近固体氧化物电解制氢，但增速在 3 项技术中最为缓慢。阴离子交换膜电解制氢技术在 2018—2022 年开始快速发展，发文量占 2003—2022 年的 78.4%。

表 3.2　2003—2022 年全球电解制氢技术方向发文量及增长情况

关键技术	发文量 / 篇					2018—2022 年占比 /%	4 个五年期 CGR/%
	合计	2003—2007 年	2008—2012 年	2013—2017 年	2018—2022 年		
质子交换膜电解制氢	1830	47	184	393	1206	65.9	195.0
固体氧化物电解制氢	1984	33	202	525	1224	61.7	233.5
阴离子交换膜电解制氢	676	16	22	108	530	78.4	221.2
总体	4364	94	405	1006	2859	65.5	212.1

进一步聚焦 2018—2022 年发文情况（表 3.3）发现，固体氧化物电解制氢发文量仍最多，但其与质子交换膜电解制氢之间的差距进一步缩小。质子交换膜电解制氢发文量稳步增长，而阴离子交换膜电解制氢 2018—2022 年发文量增速高于其他两项技术，且在 2021 年和 2022 年增长显著加快。

表 3.3　2018—2022 年全球电解制氢技术方向发文量及增长情况

关键技术	发文量 / 篇						2018—2022 年 CAGR/%
	合计	2018 年	2019 年	2020 年	2021 年	2022 年	
质子交换膜电解制氢	1206	138	186	233	285	364	27.4
固体氧化物电解制氢	1224	164	219	215	284	342	20.2
阴离子交换膜电解制氢	530	42	60	89	137	202	48.1
总体	2859	333	454	521	678	873	27.2

（2）中国在电解制氢技术方向具备一定的全球影响力。统计 2018—2022 年除中国外的全球发文量（表 3.4）发现，扣除中国发表的论文后，全球电解制氢技术方向发文量降幅接近 30%，复合年均增长率降幅相似（27.9%），这表明中国对该方向研究具有一定的贡献，但影响力还有待加强。

表 3.4　2018—2022 年全球（除中国外）电解制氢技术方向发文量、复合年均增长率及全球占比

关键技术	发文量 / 篇						2018—2022 年 CAGR/%	2018—2022 年全球（除中国外）占比 /%
	合计	2018 年	2019 年	2020 年	2021 年	2022 年		
质子交换膜电解制氢	921	120	155	182	230	234	18.2	76.4
固体氧化物电解制氢	786	117	155	146	177	191	13.0	64.2
阴离子交换膜电解制氢	398	38	47	74	100	139	38.3	75.1
总体	2022	264	347	388	483	540	19.6	70.7

3.3.2 中国研究态势分析

（1）2018—2022 年，中国在电解制氢方向研究发展势头较快，阴离子交换膜电解制氢快速发展。中国电解制氢发文量为 837 篇，占全球

表 3.5　2018—2022 年中国电解制氢技术方向发文量、复合年均增长率及全球占比

关键技术	发文量 / 篇						2018—2022 年 CAGR/%	2018—2022 年全球占比 /%
	合计	2018 年	2019 年	2020 年	2021 年	2022 年		
质子交换膜电解制氢	285	18	31	51	55	130	63.9	23.6
固体氧化物电解制氢	438	47	64	69	107	151	33.9	35.8
阴离子交换膜电解制氢	132	4	13	15	37	63	99.2	24.9
总体	837	69	107	133	195	333	48.2	29.3

29.3%（表 3.5），复合年均增长率保持在 48.2%，且 3 项技术发文量都在 2022 年有较为明显的增长。其中，固体氧化物电解制氢发文量大幅领先于其他技术，在全球发文量中占比达到 35.8%，但复合年均增长率相比其他技术较慢。质子交换膜电解制氢发文量近几年持续增长，且在 2022 年同比大幅增长 136.4%。阴离子交换膜电解制氢虽然发文量较少但增势明显，复合年均增长率达到 99.2%，远超过全球水平（48.1%）。

（2）2018—2022 年，中国在电解制氢领域具备一定研究影响力，论文篇均被引频次高于全球水平。中国在电解制氢领域的论文发文量在全球占比接近三成（表 3.6），已经具备了一定的研究影响力。从论文篇均被引频次来看，中国 3 项关键技术的篇均被引频次均超过了全球水平，表明中国发表的论文具备相对较高的影响力。

表 3.6　2018—2022 年全球及中国电解制氢技术方向论文篇均被引频次

关键技术	发文量 / 篇		篇均被引频次 / 次		RACR
	全球	中国	全球	中国	
质子交换膜电解制氢	1206	285	22.1	26.8	1.21
固体氧化物电解制氢	1224	438	13.1	14.3	1.09
阴离子交换膜电解制氢	530	132	27.5	30.7	1.12
总体	2859	837	18.9	20.9	1.11

（3）中国在电解制氢领域具备一定的高水平论文产出能力。由表 3.7 可知，中国电解制氢技术的高被引论文发文量占全球 30.1%，略高于发文量的全球占比（29.3%）。其中，质子交换膜电解制氢和固体氧化物电解制氢高被引论文全球占比均超过 1/3，而阴离子交换膜电解制氢论文被引情况略有不足，缺乏高影响力的研究成果。

表 3.7　2018—2022 年全球及中国电解制氢技术方向入选全球高被引论文数量及占比情况

关键技术	高被引论文数量 / 篇		中国高被引论文产出率 /%	中国高被引论文全球占比 /%
	全球	中国		
质子交换膜电解制氢	121	41	14.4	33.9
固体氧化物电解制氢	122	48	11.0	39.3
阴离子交换膜电解制氢	53	11	8.3	20.8
总体	286	86	10.3	30.1

3.3.3 国家对比分析

中国（837 篇）是电解制氢领域发表论文数量最多的国家（表 3.8），其次是美国（415 篇）和德国（350 篇）。从论文篇均被引频次来看，新加坡以 61.6 次居首位，其次为南非（35.4 次）和瑞士（26.6 次），而中国

表 3.8　电解制氢技术方向国家发文量、篇均被引频次和高被引论文数量排名［排名前 5 的国家（除中国之外）及中国］

国家	发文量 / 篇	排名	国家	篇均被引频次 / 次	排名	国家	高被引论文数量 / 篇	排名
中国	837	1	新加坡	61.6	1	中国	86	1
美国	415	2	南非	35.4	2	美国	66	2
德国	350	3	瑞士	26.6	3	德国	44	3
韩国	290	4	澳大利亚	26.5	4	韩国	32	4
加拿大	155	5	捷克	25.4	5	加拿大	25	5
意大利	150	6	中国	19.2	15	法国	20	6

位居第 15（19.2 次）。从高被引论文数量来看，中国以 86 篇成为电解制氢领域全球高被引论文最多的国家，其次是美国（66 篇）和德国（44 篇）。综上可知，中国在电解制氢领域开展了大量研究工作，产出了丰硕的研究成果，并且部分成果具有一定影响力，但研究成果的整体影响力仍有待加强。

3.3.4 研究前沿主题分析

基于前沿主题综合指数，电解制氢技术方向排名前 10 的前沿主题如表 3.9 所示。固体氧化物电解制氢在排名前 10 的前沿主题中有 4 项，重

表 3.9　2018—2022 年全球电解制氢技术方向排名前 10 的前沿主题

关键技术	前沿主题	主题新颖度	主题强度	主题影响力	主题增长度	前沿主题综合指数
固体氧化物电解制氢	可逆固体氧化物电池电极反应机理	1.00	1.00	1.00	0.76	0.93
阴离子交换膜电解制氢	阴离子交换膜材料性能研究	0.86	0.73	1.00	1.00	0.89
阴离子交换膜电解制氢	阴离子交换膜合成策略研究	1.00	1.00	1.00	0.37	0.78
固体氧化物电解制氢	固体氧化物电解槽电堆稳定性研究	0.96	0.27	1.00	0.91	0.77
质子交换膜电解制氢	可再生能源与质子交换膜电解槽综合系统性能评估	0.69	0.06	1.00	0.94	0.63
阴离子交换膜电解制氢	阴离子交换膜电解催化剂导电性及气体动力学研究	0.56	0.96	0.49	0.35	0.61
固体氧化物电解制氢	可逆固体氧化物电池系统的能量管理	0.55	0.13	0.47	1.00	0.54
固体氧化物电解制氢	固体氧化物电解槽金属陶瓷电极性能研究	0.66	0.17	0.50	0.80	0.53
质子交换膜电解制氢	质子交换膜电解制氢系统耐用性研究	0.00	1.00	0.52	0.44	0.51
质子交换膜电解制氢	质子交换膜电解槽催化剂稳定性研究	0.51	0.00	0.25	1.00	0.41

点聚焦在电极反应及其性能，以及电堆稳定性、系统能量管理方面；阴离子交换膜电解制氢在排名前 3 的前沿主题中占据 2 项，都是阴离子交换膜相关研究；质子交换膜电解制氢技术前沿方向聚焦在可再生能源的综合系统性能评估，以及电解槽耐用性稳定性等方面。

3.4 技术开发态势分析

3.4.1 全球技术开发态势分析

本书采用关键词检索方式，在 incoPat 专利数据库平台检索并经同族专利合并，获得 2003—2022 年全球电解制氢相关发明专利 1762 项。对专利申请量的分析显示，全球电解制氢技术发明专利数量在 2003—2022 年保持持续增长（表 3.10），尤其是 2018—2022 年，3 项电解制氢技术专利申请量均占到 2003—2022 年的 50% 以上，表明电解制氢技术已进入快速发展期。其中，固体氧化物电解制氢技术发明专利申请量领先于其他关键技术，且增长速度也最快，表明该技术市场化进程相对更快。

表 3.10 2003—2022 年全球电解制氢技术方向发明专利申请量及增长情况

关键技术	专利申请量 / 项					2018—2022 年占比 /%	4 个五年期 CGR/%
	合计	2003—2007 年	2008—2012 年	2013—2017 年	2018—2022 年		
质子交换膜电解制氢	649	52	76	111	410	63.2	99.0
固体氧化物电解制氢	873	58	106	248	461	52.8	99.6
阴离子交换膜电解制氢	255	25	26	49	155	60.8	83.7
总体	1762	134	207	406	1015	57.6	96.4

2018—2022 年，全球电解制氢发明专利申请量表现出逐年递增的态势（表 3.11），尤其是质子交换膜电解制氢技术增长较快，复合年均增长率达 39.7%，表明该技术呈现快速扩张趋势。

观察除中国外全球的专利申请量及增长情况（表 3.12），可以发现专利数量下降明显，且复合年均增长率较全球数据大幅下降，说明在电解制氢技术方向，中国机构有着较强的技术开发能力，成果产出较多，在全球有着较为重要的地位。

表 3.11　2018—2022 年全球电解制氢技术方向发明专利申请量及增长情况

关键技术	专利申请量 / 项						2018—2022 年 CAGR/%
	合计	2018 年	2019 年	2020 年	2021 年	2022 年	
质子交换膜电解制氢	410	41	51	58	104	156	39.7
固体氧化物电解制氢	461	59	73	81	128	120	19.4
阴离子交换膜电解制氢	155	13	26	23	50	43	34.9
总体	1015	110	148	161	280	316	30.2

表 3.12　2018—2022 年全球电解制氢技术方向发明专利申请量及增长情况（除中国外）

关键技术	专利申请量 / 项						2018—2022 年 CAGR/%
	合计	2018 年	2019 年	2020 年	2021 年	2022 年	
质子交换膜电解制氢	148	41	25	33	28	21	–15.4
固体氧化物电解制氢	269	57	49	56	63	44	–6.3
阴离子交换膜电解制氢	81	10	12	13	31	15	10.7
总体	492	104	85	101	124	78	–6.9

3.4.2 中国技术开发态势分析

（1）中国是全球电解制氢技术最大的布局市场。如表 3.13 所示，2018—2022 年，中国受理的电解制氢技术方向发明专利达到 630 项，占全

表 3.13　2018—2022 年中国电解制氢技术方向发明专利受理量、复合年均增长率及全球占比

关键技术	专利受理量 / 项						2018—2022 年 CAGR/%	2018—2022 年全球占比 /%
	合计	2018 年	2019 年	2020 年	2021 年	2022 年		
质子交换膜电解制氢	294	22	28	31	78	135	57.4	71.7
固体氧化物电解制氢	252	21	37	36	75	83	41.0	54.7
阴离子交换膜电解制氢	86	5	16	13	22	30	56.5	55.5
总体	630	48	80	80	175	247	50.6	62.1

球 62.1%，且各技术方向占比均达到一半以上，尤其是质子交换膜电解制氢技术专利受理数量更是占到全球的 71.7%，表明中国市场受到各国的广泛关注。就增长速度而言，中国专利受理量复合年均增长率（50.6%）也大幅超过全球水平（30.2%）。

（2）中国也是全球电解制氢技术最重要的专利技术来源国。如表 3.14 所示，2018—2022 年，中国机构在电解制氢领域的专利申请数量占全球的 55.3%，且大部分技术专利占比达到一半左右，其中质子交换膜电解制氢技术专利申请量占比达 68.0%。就增长速度来看，中国专利申请量复合年均增长率高达 63.2%，尤其在质子交换膜电解制氢技术方面保持了旺盛的增长势头（增速 73.2%）。

表 3.14　2018—2022 年中国电解制氢技术方向发明专利申请量、复合年均增长率及全球占比

关键技术	专利申请量 / 项						2018—2022 年 CAGR/%	2018—2022 年全球占比 /%
	合计	2018 年	2019 年	2020 年	2021 年	2022 年		
质子交换膜电解制氢	279	15	27	25	77	135	73.2	68.0
固体氧化物电解制氢	208	14	24	26	67	77	53.1	45.1
阴离子交换膜电解制氢	76	5	16	10	15	30	56.5	49.0
总体	561	34	66	61	159	241	63.2	55.3

（3）中国在电解制氢技术方向的核心技术竞争力具备一定优势。如表 3.15 所示，2018—2022 年，中国机构在电解制氢技术方向贡献了全

表 3.15　2018—2022 年全球及中国电解制氢领域高价值专利申请情况

关键技术	高价值专利申请量 / 项		高价值专利产出率 /%		中国高价值专利全球占比 /%
	全球	中国	全球	中国	
质子交换膜电解制氢	110	58	26.8	20.8	52.7
固体氧化物电解制氢	134	50	29.1	24.0	37.3
阴离子交换膜电解制氢	43	22	27.7	28.9	51.2
总体	285	130	28.1	23.2	45.6

球 45.6% 的高价值专利，但高价值专利产出率为 23.2%，低于全球水平（28.1%）。中国各项关键技术的高价值专利产出率相近，发展较为均衡。这表明中国在电解制氢技术方向的专利产出较为丰富，具备较多高质量专利，但仍具有一定进步空间。

3.4.3 国家对比分析

从全球范围内的全部发明专利来看（表 3.16），中国（630 项）是电解制氢技术方向受理专利数量最多的国家，美国（108 项）和韩国（71 项）分别位于第二和第三；中国同时是该领域最主要的专利技术来源国，申请

表 3.16 电解制氢技术方向国家（机构）发明专利数量、高价值专利数量排名 [排名前 5 的国家（除中国之外）及中国]

所有专利					
专利受理国（机构）	受理量 / 项	排名	专利申请国	申请量 / 项	排名
中国	630	1	中国	561	1
美国	108	2	美国	134	2
韩国	71	3	韩国	78	3
世界知识产权组织	70	4	日本	71	4
日本	61	5	法国	46	5
法国	32	6	德国	35	6
高价值专利					
专利受理国（机构）	受理量 / 项	排名	专利申请国	申请量 / 项	排名
中国	153	1	中国	130	1
美国	47	2	美国	41	2
日本	25	3	日本	32	3
韩国	12	4	法国	20	4
欧洲专利局	12	5	韩国	14	5
印度	8	6	德国	11	6

了 561 项专利，其次为美国（134 项）和韩国（78 项）。从高价值专利来看，中国也是最大布局市场和技术来源国。从高价值专利产出率看，中国有 23.2% 的专利转化为高价值专利，美国、韩国高价值专利产出率分别为 30.6%、17.9%。

从专利流向来看（图 3.4、图 3.5），中国（99.10%）和韩国（85.90%）机构大部分在本国申请专利，而美国、日本、法国等较为重视国际市场。中国机构申请的国际专利零星分布于世界知识产权组织、美国，其中高价值专利主要集中于中国（99.22%）。美国较为重视国际布局，国际专利占其申请量的 44.96%，主要布局在世界知识产权组织（16.28%）、中国（9.30%）以及印度（4.65%）等，高价值专利则集中在美国（55%）、中国（15%）、日本（10%）等。韩国机构也在韩国（85.90%）、世界知识产权组织（6.41%）等申请了大量专利，其高价值专利主要分布在韩国（73.33%）、美国（13.33%）等。日本和法国专利申请量分别位居第四、第五，高价值专利除了本国外，主要集中于美国、欧洲专利局和中国。

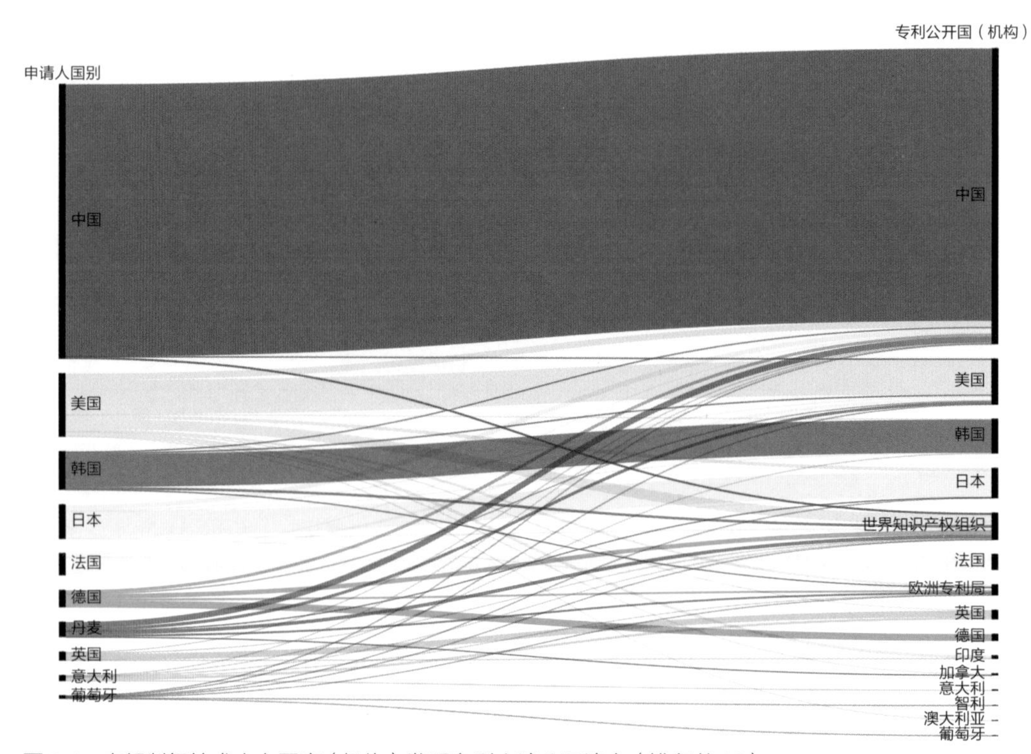

图 3.4 电解制氢技术方向国家（机构）发明专利申请公开流向（排名前 10）

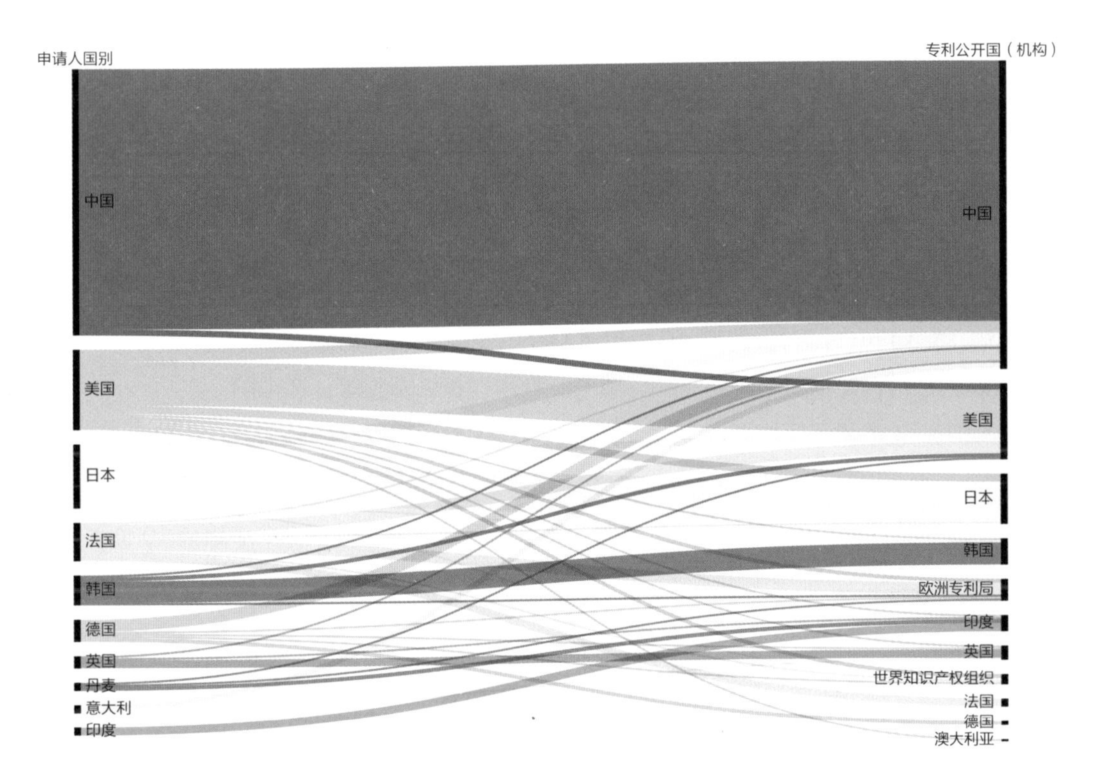

图 3.5　电解制氢技术方向国家（机构）发明高价值专利申请公开流向（排名前 10）

3.4.4 技术布局重点方向分析

针对 2018—2022 年全球电解制氢技术方向的相关专利进行分析，通过专利聚类词云图（图 3.6）可以看出，该方向专利布局围绕以下方面展开：

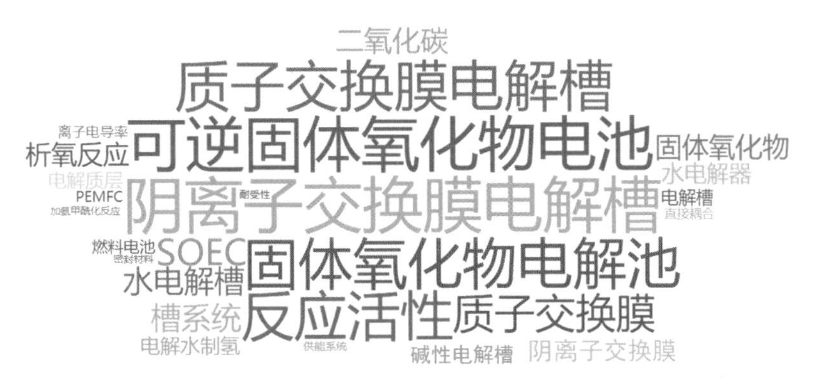

图 3.6　2018—2022 年电解制氢技术方向发明专利关键词词云

资料来源：图片为 incoPat 专利平台经检索电解制氢相关发明专利后对关键词聚类生成

①固体氧化物电解池，涉及电解质层、固体氧化物等；②质子交换膜电解制氢，涉及质子交换膜、供能系统等；③阴离子交换膜电解制氢，涉及阴离子交换膜、离子电导率、碱性电解槽等；④可逆固体氧化物电池，涉及直接耦合、密封材料、电解槽等；⑤反应活性，涉及析氧反应、耐受性、电解质层等。

基于IPC分类号对全球电解制氢技术方向发明专利申请量进行排序，前10位如表3.17所示，可见电解制氢技术开发的主要布局方向为：①电解质及隔膜材料，如高温电解质材料、离子交换膜、有机隔膜等；②电解槽及其组件；③电解槽反应物或电解液供应系统、供电装置等。

表 3.17　2018—2022 年电解制氢发明专利主要布局方向（基于 IPC 小组前 10 位）

IPC 分类号	释义	专利族数量 / 项
C25B1/04	通过电解水	504
C25B9/19	具有隔膜	161
C25B9/23	包括离子交换膜，电极材料嵌入在离子交换膜中或离子交换膜上	152
C25B15/08	反应物或电解液的供给或移除；电解液的再生	133
C25B1/042	通过电解蒸汽	96
C25B9/00	电解槽或其组合件；电解槽构件；电解槽构件的组合件，例如电极－膜组合件，与工艺相关的电解槽特征	91
C25B13/08	以有机材料为基料的	88
H01M8/12	高温工作的，例如具有稳定二氧化锆电解质的	81
C25B15/02	工艺控制或调节	66
C25B9/65	供电装置；电极连接；槽间电气连接件	62

3.5 技术发展趋势

当前制氢技术以天然气重整、煤气化等化石燃料制氢为主，但总体趋势向绿色方向发展。可再生能源电解制氢作为发展最为成熟的绿色制氢技术，近年来正逐渐受到全球重视，其性能和成本持续优化、规模不断扩大。典型电解制氢技术中，碱性电解制氢技术已经产业化，但启动速度慢、功率调节范围窄，难以适应具备高比例风、光等波动性可再生能源的未来电力网络。相比较而言，质子交换膜电解制氢、固体氧化物电解制氢和阴离子交换膜电解制氢越来越受到各界关注，成为主要国家重点发展的电解制氢技术。

当前，质子交换膜电解制氢启动灵活、制氢纯度高，技术成熟度达到9级，已经进入商业化导入阶段，但其电解过程中产生的强酸性环境对电极及电极催化剂提出了较高的要求，需要使用贵金属作为催化剂。同时，质子交换膜成本也过高，导致整体成本大幅提升，阻碍了大规模应用。该技术前沿发展方向聚焦在深入研究析氢、析氧反应性，开发非贵或低贵金属含量催化剂，并进一步优化膜电极和双极板技术。

固体氧化物电解制氢效率高且无须使用贵金属催化剂，还可作为燃料电池在逆反应模式下将氢能转换成电能，将其与储氢设施相结合可为电网提供支撑服务，提高设备整体利用率，技术成熟度达到7级，处于应用示范阶段。但其运行温度高、启动慢，在材料耐用性和运行时间方面存在较多问题，目前成本依然较高。该技术前沿发展方向聚焦在二氧化碳共电解、可逆固体氧化物电池、高温环境下电解槽性能退化机理及缓解措施等。

阴离子交换膜电解制氢是2018—2022年发展起来的前沿技术，技术成熟度达到6级，处于大规模原型向示范发展的阶段。该技术兼具碱性电解制氢和质子交换膜电解制氢的优点，使用过渡金属催化剂因而无须使用铂金属，采用固态电解质避免了碱性电解的腐蚀性，且可使用低成本的碱性兼容电极和碳氢膜，因而受到广泛关注。尽管已经在碱性溶液下实现了高效的产氢性能，大多数研究仍使用与质子交换膜电解槽中相同的昂贵催化剂，且阴离子交换膜的化学稳定性不足影响了其使用寿命，阻碍了其向商业化发展。该技术前沿发展方向聚焦在电极和催化剂材料研究，开发长寿命、高稳定性阴离子交换膜以实现规模扩大和稳定性提升。

第 4 章

大容量长周期储氢技术发展趋势分析

本章重点针对大容量长周期储氢技术方向进行定量分析，包括低温液态储氢、金属固态储氢、有机液体储氢和地质储氢 4 项关键技术，基于国际战略规划、项目部署、科研论文和发明专利等数据进行总结分析，明确全球及重点国家的技术布局重点和优势研发力量，揭示全球及中国的基础研究态势和技术开发态势。

4.1 战略规划布局分析

全球在大容量长周期储氢技术方向的战略布局重点关注高压气态储氢、低温液态储氢、有机液体储氢、金属固态储氢以及地质储氢。低温液态储氢以隔热材料和组件为重点，美国在《氢能计划发展规划》中提到液氢在极低温下储存在高度绝热的双壁罐中，长时间隔热需要研发先进的材料和组件以应对大容量长周期储氢挑战；有机液体储氢以加氢或脱氢催化剂为核心，中国在《能源技术革命创新行动计划（2016—2030 年）》中提到要发展以液态化合物和氨等为储氢介质的长距离、大规模氢的储运技术，设计研发高活性、高稳定性和低成本的加氢 / 脱氢催化剂；金属固态储氢以低成本和稳定性强为重点，中国在《能源技术革命创新行动计划（2016—2030 年）》中提到需要进一步研发成本低、循环稳定性好、使用温度接近燃料电池操作温度的氮基、硼基、铝基、镁基和碳基等轻质元素储氢材料；地质储氢以资源条件为重点，美国在《氢能计划发展规划》中提到在盐穴、含盐含水层、枯竭天然气或油藏内进行大规模地质储氢以实现长期储能。美国工业规模储氢以得克萨斯州博蒙特的储盐洞穴为典型代表。

4.2 项目技术布局分析

4.2.1 重点国家项目演变趋势

重点国家布局的大容量长周期储氢项目中，2018—2021 年低温液态储氢项目数量占比最高，约占 49.4%。重点国家部署的低温液态储氢、有机液体储氢项目数量占比都呈上升趋势，前者上升相对明显，后者较为平稳；金属固态储氢在 2019 年达到高峰后迅速回落（图 4.1）。

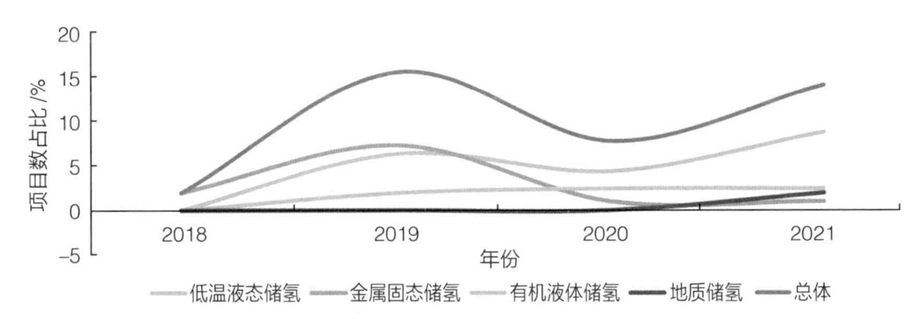

图 4.1 大容量长周期储氢技术方向各类项目演变趋势图

4.2.2 重点国家项目布局对比

（1）2018—2022 年，重点国家在大容量长周期储氢项目上各有侧重。如表 4.1 所示，低温液态储氢受到日本、中国和法国的重视；美国、德国

表 4.1 2018—2022 年重点国家大容量长周期储氢技术方向布局项目数及占比

国家	低温液态储氢		金属固态储氢		有机液体储氢		地质储氢		氢能项目总数 / 项
	布局项目数 / 项	占本国氢能项目比重 /%	布局项目数 / 项	占本国氢能项目比重 /%	布局项目数 / 项	占本国氢能项目比重 /%	布局项目数 / 项	占本国氢能项目比重 /%	
中国	4	5.56	1	1.39	1	1.39	0	0.00	72
美国	0	0.00	5	4.35	2	1.74	0	0.00	115
法国	2	3.77	1	1.89	1	1.89	0	0.00	53
英国	1	2.63	0	0.00	0	0.00	0	0.00	38
德国	1	1.85	2	3.70	1	1.85	1	1.85	54
日本	14	6.83	2	0.98	6	2.93	0	0.00	205

较为重视金属固态储氢技术；有机液体储氢多国均有项目部署，但体量不大；德国对地质储氢给予了一定关注。

（2）中美两国在大容量长周期储氢项目布局趋势有所不同。2018—2022 年，中国在低温液态储氢上持续布局，并维持较高的比例，同时 2021—2022 年在金属固态储氢、有机液体储氢的部署率明显提升；美国则是对金属固态储氢、有机液体储氢等技术较早进行了部署，但 2021—2022 年力度有所减弱（图 4.2）。

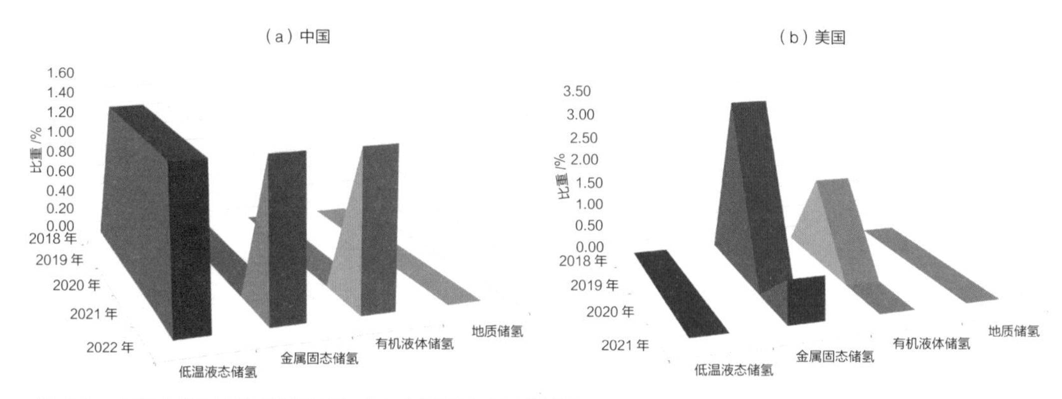

图 4.2　中美大容量长周期储氢技术方向项目布局对比图

4.2.3 项目主要研发力量

从大容量长周期储氢项目承担机构来看，国际上较为突出的主要研发力量是企业，如法国 HySiLabs 公司和液化空气集团，日本神钢集团、川崎重工业株式会社和三井物产株式会社，德国 H2FLY 公司等（图 4.3）。

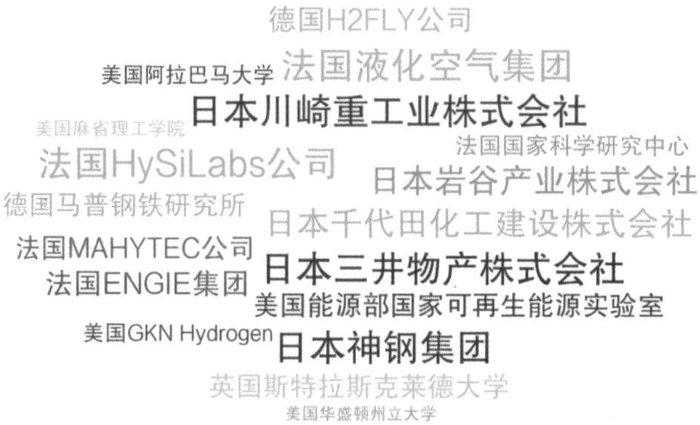

图 4.3　全球大容量长周期储氢技术方向主要研发力量词云

4.3 基础研究态势分析

4.3.1 全球研究态势分析

（1）2003—2022 年，全球大容量长周期储氢领域研究以金属固态储氢为主导，有机液体储氢和地质储氢 2018—2022 年呈现加速发展势头。通过在 Web of Science 文献数据库平台进行关键词检索，获得 2003—2022 年全球大容量长周期储氢技术方向发表的科研论文 8850 篇（文献类型为 article）。如表 4.2 所示，从发文量总数来看，4 种储氢技术中，金属固态储氢发文量最多，其次为有机液体储氢、地质储氢和低温液态储氢。金属固态储氢最后一个五年期发文量出现下降趋势，表明该关键技术的研究活动已经趋于饱和。有机液体储氢和地质储氢呈现加速发展趋势，增速远超其他两项关键技术。从 2018—2022 年发文量占 2003—2022 年的比值来看，除金属固态储氢以外的其他储氢技术占比都超过 50%。

表 4.2 2003—2022 年全球大容量长周期储氢技术方向发文量及增长情况

关键技术	发文量 / 篇					2018—2022 年占比 /%	4 个五年期 CGR/%
	合计	2003—2007 年	2008—2012 年	2013—2017 年	2018—2022 年		
低温液态储氢	357	31	39	65	222	62.2	92.8
金属固态储氢	6790	836	2024	2091	1839	27.1	30.1
有机液体储氢	1479	55	188	437	799	54.0	144.0
地质储氢	429	12	44	79	294	68.5	190.4
总体	8850	923	2255	2605	3067	34.7	49.2

进一步聚焦 2018—2022 年发文情况（表 4.3）发现，金属固态储氢技术发文量仍最多，但每年发文量存在小幅波动，复合年均增长率仅为 1.2%。地质储氢发文量增速保持第一，而低温液态储氢相比 2003—2022 年趋势，增速排名跃居至第二。有机液体储氢技术发文量仅次于金属固态储氢，呈现平稳增长趋势。

表 4.3　2018—2022 年全球大容量长周期储氢技术方向发文量及增长情况

关键技术	发文量 / 篇						2018—2022 年 CAGR/%
	合计	2018 年	2019 年	2020 年	2021 年	2022 年	
低温液态储氢	222	22	27	36	51	86	40.6
金属固态储氢	1839	358	368	340	398	375	1.2
有机液体储氢	799	137	129	139	177	217	12.2
地质储氢	294	28	31	39	71	125	45.4
总体	3067	534	537	539	679	778	9.9

（2）中国大容量长周期储氢的大部分关键技术均具备一定的全球影响力。统计 2018—2022 年除中国外的全球发文量（表 4.4）发现，扣除中国发表论文后，全球大容量长周期储氢技术方向发文量降幅达到 33.3%，而且复合年均增长率也出现下降。但地质储氢技术发文量降幅仅为 16%，其余 3 项技术降幅均超过 1/3。表明中国对该方向的大部分关键技术研究有一定的贡献度。

表 4.4　2018—2022 年全球（除中国外）大容量长周期储氢技术方向发文量、复合年均增长率及全球占比

关键技术	发文量 / 篇						2018—2022 年 CAGR/%	2018—2022 年全球（除中国外）占比 /%
	合计	2018 年	2019 年	2020 年	2021 年	2022 年		
低温液态储氢	142	18	15	25	37	47	27.1	64.0
金属固态储氢	1190	241	240	227	259	223	−1.9	64.7
有机液体储氢	529	100	92	90	121	126	5.9	66.2
地质储氢	247	23	27	33	64	100	44.4	84.0
总体	2046	374	363	360	468	481	6.5	66.7

4.3.2 中国研究态势分析

（1）2018—2022 年，中国在大容量长周期储氢技术方向的研究活跃度稳步提升。中国 2018—2022 年发表的大容量长周期储氢研究论文数量

达到 1021 篇，占全球 33.3%，发文量复合年均增长率为 16.7%，呈现稳步增长趋势（表 4.5）。4 项关键技术中，金属固态储氢和有机液体储氢发文量居多，尤其是金属固态储氢，发文量大幅超出其他技术。中国在低温液态储氢、金属固态储氢和有机液体储氢这 3 项技术的全球发文量占比均超过三成，表明中国是主要研究国家。但其中金属固态储氢的发文量复合年均增长率较低（6.8%），表明其各阶段研究活跃度基本持平。

表 4.5　2018—2022 年中国大容量长周期储氢技术方向发文量、复合年均增长率及全球占比

关键技术	发文量 / 篇						2018—2022 年 CAGR/%	2018—2022 年全球占比 /%
	合计	2018 年	2019 年	2020 年	2021 年	2022 年		
低温液态储氢	80	4	12	11	14	39	76.7	36.0
金属固态储氢	649	117	128	113	139	152	6.8	35.3
有机液体储氢	270	37	37	49	56	91	25.2	33.8
地质储氢	47	5	4	6	7	25	49.5	16.0
总体	1021	160	174	179	211	297	16.7	33.3

（2）中国在金属固态储氢和有机液体储氢技术方面产出了一定的高影响力成果，但总体不具备较高研究影响力。从论文篇均被引频次来看（表 4.6），仅有机液体储氢技术超过全球水平，其他关键技术均低于全球水平。尤其是地质储氢，发文量仅占全球 16.0%，篇均被引频次（14.0 次）与全球水平（24.2 次）差距较大。

表 4.6　2018—2022 年全球及中国大容量长周期储氢技术方向论文篇均被引频次

关键技术	发文量 / 篇		篇均被引频次 / 次		RACR
	全球	中国	全球	中国	
低温液态储氢	222	80	12.8	10.8	0.84
金属固态储氢	1839	649	19.2	18.0	0.94
有机液体储氢	799	270	16.7	17.4	1.04
地质储氢	294	47	24.2	14.0	0.58
总体	3067	1021	18.3	17.1	0.93

（3）2018—2022 年，中国在大容量长周期储氢技术方向高被引论文数量接近全球 1/3（表 4.7），具备一定的高水平成果产出能力。中国金属固态储氢和有机液体储氢的高被引论文均超过全球的 1/3，表明中国这两项技术具备一定的研究竞争实力，但在地质储氢技术方面还需进一步加大研究力度。

表 4.7 2018—2022 年全球及中国大容量长周期储氢技术方向入选全球高被引论文数量及占比情况

关键技术	高被引论文数量 / 篇		中国高被引论文产出率 /%	中国高被引论文全球占比 /%
	全球	中国		
低温液态储氢	22	5	6.3	22.7
金属固态储氢	184	67	10.3	36.4
有机液体储氢	80	31	11.5	38.8
地质储氢	29	2	4.3	6.9
总体	307	95	9.3	30.9

4.3.3 国家对比分析

中国（1021 篇）是大容量长周期储氢技术方向发表论文数量最多的国家（表 4.8），其次是美国（326 篇）和德国（317 篇）。从论文篇均

表 4.8 大容量长周期储氢技术方向国家发文量、篇均被引频次和高被引论文数量排名 [排名前 5 的国家（除中国之外）及中国]

国家	发文量 / 篇	排名	国家	篇均被引频次 / 次	排名	国家	高被引论文数量 / 篇	排名
中国	1021	1	丹麦	60.5	1	中国	95	1
美国	326	2	以色列	54.4	2	德国	42	2
德国	317	3	埃及	54.2	3	美国	41	3
日本	231	4	南非	53.5	4	英国	32	4
韩国	211	5	荷兰	50.2	5	日本	28	5
印度	204	6	中国	17.1	34	澳大利亚	27	6

被引频次来看，丹麦以 60.5 次高居榜首，其次为以色列（54.4 次）、埃及（54.2 次），而中国位居第 34（17.1 次）。从高被引论文数量来看，中国位居首位（95 篇），其次是德国（42 篇）和美国（41 篇）。总体来看，中国在大容量长周期储氢领域产出了大量研究成果，但还需提升总体影响力。

4.3.4 研究前沿主题分析

基于前沿主题综合指数，大容量长周期储氢技术方向排名前 10 的前沿主题如表 4.9 所示。有机液体储氢技术相关研究相对前沿在排名前 10 的主题中有 4 项，其研究聚焦于加氢、脱氢催化剂研究，以及甲酸等储氢材料相关研究；低温液态储氢有 2 项研究主题位列前 3，重点关注氢液化技术相关研究；金属固态储氢则较为关注金属氢化物储氢的吸氢动力学研究和金属有机骨架材料储氢的新型材料开发；地质储氢前沿研究关注盐穴储氢能力评估和地质储氢的氢气渗透研究。

表 4.9 2018—2022 年全球大容量长周期储氢技术方向排名前 10 的前沿主题

关键技术	前沿主题	主题新颖度	主题强度	主题影响力	主题增长度	前沿主题综合指数
有机液体储氢	有机液体储氢加氢－脱氢催化剂研究	1.00	0.56	1.00	0.96	0.87
低温液态储氢	新型氢液化工艺开发	1.00	1.00	0.96	0.56	0.85
低温液态储氢	氢液化工艺能效及经济性评估	0.91	0.79	1.00	0.57	0.79
有机液体储氢	甲酸储氢研究	0.91	0.79	0.69	0.78	0.78
有机液体储氢	新型液态有机氢载体材料发现	0.81	0.71	1.00	0.43	0.77
有机液体储氢	高选择性脱氢催化剂研究	0.51	1.00	0.48	1.00	0.74
金属固态储氢	金属氢化物合金吸氢动力学研究	0.62	0.30	0.92	0.75	0.67
金属固态储氢	新型金属有机骨架储氢材料开发	0.47	1.00	0.24	1.00	0.65
地质储氢	盐穴储氢能力评估	1.00	1.00	0.00	1.00	0.65
地质储氢	地质储氢的氢气渗透研究	0.91	0.65	1.00	0.00	0.65

4.4 技术开发态势分析

4.4.1 全球技术开发态势分析

（1）全球大容量长周期储氢技术方向各项关键技术发展极不均衡，金属固态储氢技术开发趋于成熟。本书采用关键词检索方式，在 incoPat 专利数据库平台检索并经同族专利合并，获得 2003—2022 年全球大容量长周期储氢相关发明专利 2459 项。对专利申请量的分析发现，2003—2022 年，全球金属固态储氢技术的专利申请量最多，大幅超出其他技术，但其 4 个五年期复合增长率为该领域最低，表明该技术发展逐渐趋于成熟。地质储氢技术开发尚处于萌芽期，专利申请量较少。低温液态储氢和有机液体储氢在 2018—2022 年进入快速发展期，专利数量分别占 2003—2022 年的 71.0% 和 54.3%（表 4.10）。

表 4.10　2003—2022 年全球大容量长周期储氢技术方向发明专利申请量及增长情况

关键技术	专利申请量 / 项					2018—2022 年占比 /%	4 个五年期 CGR/%
	合计	2003—2007 年	2008—2012 年	2013—2017 年	2018—2022 年		
低温液态储氢	930	88	56	126	660	71.0	95.7
金属固态储氢	1229	285	239	241	464	37.8	17.6
有机液体储氢	403	58	53	73	219	54.3	55.7
地质储氢	73	5	8	31	29	39.7	79.7
总体	2459	420	337	438	1264	51.4	44.4

（2）2003—2022 年，全球大容量长周期储氢技术方向的专利数量呈现稳步递增态势，表明世界各国对储氢技术较为重视，技术开发力度加大。各项关键技术发展也较为迅速（表 4.11），地质储氢技术专利增速虽快但绝对数量偏少，仍处于开发初期。

表 4.11　2018—2022 年全球大容量长周期储氢技术方向发明专利申请量及增长情况

关键技术	专利申请量 / 项						2018—2022 年 CAGR/%
	合计	2018 年	2019 年	2020 年	2021 年	2022 年	
低温液态储氢	660	66	70	106	201	217	34.7
金属固态储氢	464	50	82	104	113	115	23.1
有机液体储氢	219	19	39	59	58	44	23.4
地质储氢	29	1	4	5	4	15	96.8
总体	1264	125	183	242	350	364	30.6

除去中国申请的专利，世界其他国家专利申请量明显减少（表 4.12），表明中国是大容量长周期储氢专利成果产出的重要国家。除专利数量外，复合年均增长率也有明显的降低，由 30.6% 下降至 –1.6%，并且有 2 项技术呈现负增长，表明中国 2018—2022 年该方向的技术开发在世界范围内影响较大，有着较为重要的地位。

表 4.12　2018—2022 年全球大容量长周期储氢技术方向发明专利申请量及增长情况（除中国外）

关键技术	专利申请量 / 项						2018—2022 年 CAGR/%
	合计	2018 年	2019 年	2020 年	2021 年	2022 年	
低温液态储氢	234	30	26	44	94	40	7.5
金属固态储氢	131	32	29	29	27	14	–18.7
有机液体储氢	70	7	21	23	13	6	–3.8
地质储氢	11	0	3	3	2	3	—
总体	429	65	76	94	133	61	–1.6

4.4.2 中国技术开发态势分析

（1）中国是全球大容量长周期储氢技术方向最重要的专利技术布局市场。如表 4.13 所示，2018—2022 年，中国在该方向受理的相关发明专利数量达到 894 项，占全球 70.7%，且各关键技术专利受理量占比均超过

表 4.13　2018—2022 年中国大容量长周期储氢技术方向发明专利受理量、复合年均增长率及全球占比

关键技术	专利受理量 / 项						2018—2022 年 CAGR/%	2018—2022 年全球占比 /%
	合计	2018 年	2019 年	2020 年	2021 年	2022 年		
低温液态储氢	448	38	51	65	110	184	48.3	67.9
金属固态储氢	360	23	60	83	91	103	45.5	77.6
有机液体储氢	165	15	20	41	51	38	26.2	75.3
地质储氢	18	1	1	2	2	12	86.1	62.1
总体	894	69	122	161	230	312	45.8	70.7

60%。就增长速度来看，中国专利受理量复合年均增长率（45.8%）也大幅超过全球水平（30.6%）。

（2）中国机构贡献了全球 2/3 的大容量长周期储氢技术发明专利。如表 4.14 所示，2018—2022 年，中国机构在大容量长周期储氢技术方向申请了 854 项发明专利，占全球 67.6%，复合年均增长率也达到了 45.9%，与中国受理专利情况极为相似。

表 4.14　2018—2022 年中国大容量长周期储氢技术方向发明专利申请量、复合年均增长率及全球占比

关键技术	专利申请量 / 项						2018—2022 年 CAGR/%	2018—2022 年全球占比 /%
	合计	2018 年	2019 年	2020 年	2021 年	2022 年		
低温液态储氢	433	38	45	63	109	178	47.1	65.6
金属固态储氢	341	21	54	76	89	101	48.1	73.5
有机液体储氢	153	14	18	36	47	38	28.4	69.9
地质储氢	18	1	1	2	2	12	86.1	62.1
总体	854	67	109	150	224	304	45.9	67.6

（3）中国在大容量长周期储氢技术方向具备相对较强的技术开发优势。从高价值专利申请情况来看（表 4.15），中国在大容量长周期储氢技

表 4.15　2018—2022 年全球及中国大容量长周期储氢技术方向高价值专利申请情况

关键技术	高价值专利申请量 / 项		高价值专利产出率 /%		中国高价值专利全球占比 /%
	全球	中国	全球	中国	
低温液态储氢	139	88	21.1	20.3	63.3
金属固态储氢	154	108	33.2	31.7	70.1
有机液体储氢	79	57	36.1	37.3	72.2
地质储氢	10	5	34.5	27.8	50.0
总体	337	224	26.7	26.2	66.5

术方向申请的高价值专利占全球半数以上（66.5%）；高价值专利产出率达到26.2%，与全球水平（26.7%）相当，中国高价值专利全球占比（66.5%）也与所有专利的全球占比（67.6%）相当。从关键技术来看，地质储氢的高价值专利产出率低于全球水平，其他 3 项关键技术的高价值专利产出率和全球水平差异不大，发展较为均衡。

4.4.3 国家对比分析

从全球范围内的全部发明专利来看（表 4.16），中国（894 项）是大容量长周期储氢方向受理专利数量最多的国家，韩国（180 项）和日本（77 项）分别位于第二和第三；中国同时是该方向最主要的专利技术来源国，申请了 854 项专利，其次为韩国（184 项）和日本（96 项）。从高价值专利来看，中国也是最大布局市场和技术来源国。从高价值专利产出率看，中国有 26.2% 的专利转化为高价值专利，韩国、日本高价值专利产出率分别为 19.6%、31.3%。

从专利流向（图 4.4、图 4.5）来看，中国（99.77%）、韩国（95.55%）、日本（72.92%）机构大部分在本国申请专利，而美国、法国较为重视国际市场。中国机构在韩国、美国等国家申请了少量专利，申请的高价值专利主要集中在本国（99.54%）。日本较为重视国内专利布局，其国内专利占其申请量的 72.92%，国际上主要布局在中国（11.46%）、世界知识产权组织（6.25%）以及美国（5.21%）等，高价值专利则集中在日本

表 4.16　大容量长周期储氢技术方向国家（机构）发明专利数量、高价值专利数量排名
[排名前 5 的国家（机构）（除中国之外）及中国]

所有专利					
专利受理国（机构）	受理量 / 项	排名	专利申请国	申请量 / 项	排名
中国	894	1	中国	854	1
韩国	180	2	韩国	184	2
日本	77	3	日本	96	3
美国	50	4	美国	44	4
世界知识产权组织	27	5	法国	31	5
法国	15	6	德国	23	6
高价值专利					
专利受理国	受理量 / 项	排名	专利申请国	申请量 / 项	排名
中国	239	1	中国	224	1
韩国	33	2	韩国	36	2
美国	28	3	日本	30	3
日本	24	4	美国	19	4
法国	3	5	法国	11	5
澳大利亚	2	6	德国	3	6

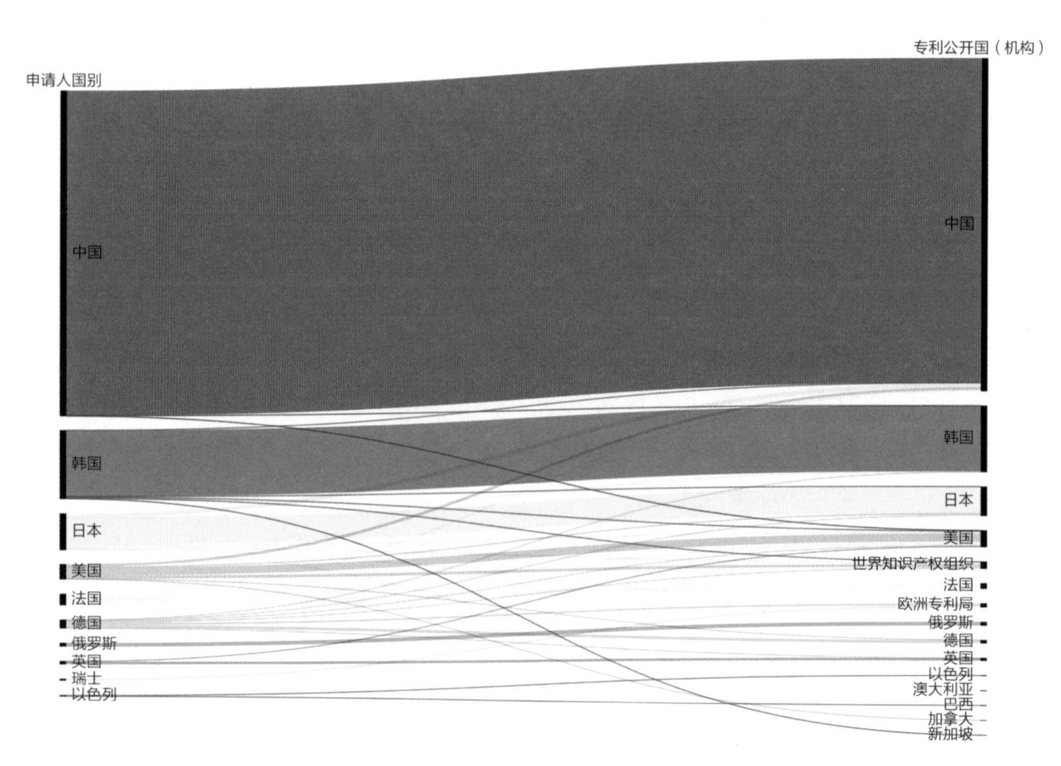

图 4.4　大容量长周期储氢技术方向国家（机构）发明专利申请公开流向（排名前 10）

图 4.5　大容量长周期储氢技术方向国家（机构）发明高价值专利申请公开流向（排名前 10）

（66.67%）、美国（13.33%）、中国（6.67%）等。韩国机构在韩国（95.55%）申请了大量专利，其高价值专利主要分布在韩国（88.89%）、美国（8.33%）等。美国和法国专利申请量分别位居第四、第五，其国际专利布局分散，高价值专利除了本国外，主要集中于中国和日本。

4.4.4 技术布局重点方向分析

针对 2018—2022 年大容量长周期储氢技术方向相关专利进行分析，通过专利聚类词云图（图 4.6）可以看出，其专利布局围绕以下方面展开：①储氢材料，如复合储氢材料、金属氢化物材料、金属有机骨架材料等；②储氢合金，如镁镍合金、稀土合金等；③液态储氢，包括液化系统、储氢容器、供氢系统等；④有机液体储氢。

基于 IPC 分类号对全球大容量长周期储氢技术方向发明专利申请量进

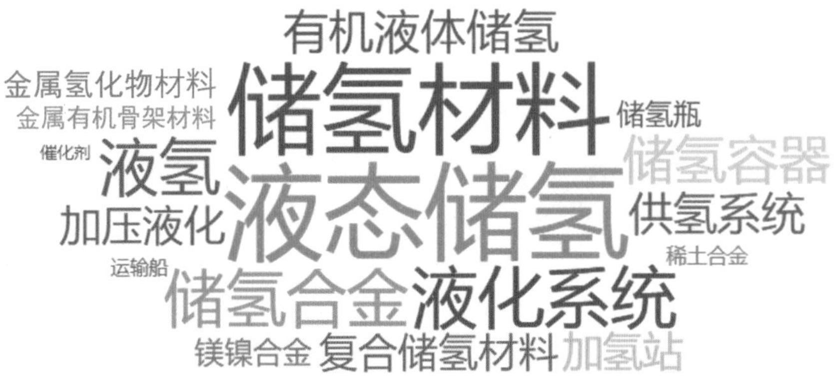

有机液体储氢
金属氢化物材料
储氢材料
储氢瓶
金属有机骨架材料
催化剂
液氢
储氢容器
加压液化
液态储氢
供氢系统
稀土合金
运输船
储氢合金
液化系统
镁镍合金
复合储氢材料
加氢站

图 4.6　2018—2022 年大容量长周期储氢技术方向发明专利关键词词云
资料来源：图片为 incoPat 专利平台经检索大容量长周期储氢相关发明专利后对关键词聚类生成

行排序，前 10 位如表 4.17 所示，可见该方向技术开发主要集中在：①储氢容器及其阀门、检测和计量装置、隔热层等；②氢气净化装置；③氢气液化装置；④氢压缩装置。

表 4.17　2018—2022 年大容量长周期储氢发明专利主要布局方向（基于 IPC 小组前 10 位）

IPC 分类号	释义	专利族数量 / 个
C01B3/00	氢；含氢混合气；从含氢混合气中分离氢；氢的净化	350
F17C13/00	容器或容器装填排放的零部件	244
F17C13/02	指示、计量或监控装置的专门应用	165
F17C11/00	在容器中使用气体溶剂或气体吸收剂	158
F17C13/04	阀的配置和安装	147
F25J1/02	需要使用制冷的，例如氦或氢	94
F17C1/12	带有隔热措施的	71
H01M8/04082	用于控制反应物参数的装置，例如加压或蒸浓	69
F25J1/00	气体或气体混合物液化或固化的方法或设备	68
F17C3/08	用真空空间的，例如保温瓶	67

4.5 技术发展趋势

由于氢气密度较低、沸点极低的特性，因此难以实现高密度存储。经济、高效、安全的储氢技术因此成为氢能规模化应用需突破的关键技术。当前高压气态储氢虽技术成熟、成本低廉，但储氢密度较低，具备更大储氢容量的低温液态储氢、金属固态储氢、有机液体储氢和地质储氢是有望应用于电力系统的储氢技术。

低温液态储氢具有纯度高、单位体积储存密度大、单位质量热值高的特点，目前处于小规模应用阶段，而大规模液态储氢还处于基础设施开发阶段。但液氢装置一次性投资较大，氢液化过程能耗较高，储存过程中有一定的蒸发损失，同时要求储氢容器具有很好的绝热性能，导致储氢成本高昂，且存在泄漏的隐患。低温液态储氢技术前沿发展方向聚焦在研发隔热材料和组件、氢气液化装置设计、开发新型隔热技术，以及储氢容器集成等方面。

金属固态储氢主要包括金属有机骨架材料储氢、金属氢化物储氢等方式，具有储氢密度高、压力低、安全性好等优点，目前处于小规模实验阶段，还需解决吸放氢温度偏高、循环性能较差等问题。该技术前沿发展方向聚焦在高密度储氢介质及可逆吸放氢研究、储氢材料的合成及调控等方面，未来将重点发展基于微孔材料、金属有机骨架材料等纳米结构的吸附储氢材料，以及低成本金属氢化物储氢材料。

有机液体储氢技术主要通过不饱和液体有机物的可逆加氢和脱氢反应来储氢，具有储氢容量大、高效、环保、经济、安全等特点，且对储存材料和工艺要求较低，目前已经受到业界广泛关注，技术成熟度达到7级，处于示范阶段。但该技术存在反应温度较高、脱氢技术复杂、脱氢效率较低、脱氢能耗大、催化剂易被中间产物毒化等问题。该技术前沿发展方向聚焦在开发新型加氢/脱氢催化剂和反应器技术，减少加氢/脱氢反应所需的昂贵原材料用量，研究氢载体的电化学重整或合成过程，设计和优化大容量加氢/脱氢装置等方面。

地质储氢具备储氢规模大、综合成本低等优势，以美国为代表的发达国家正开展该方向的技术攻关。可用于储氢的地下储层主要有含水储

层、岩石穴、枯竭油气藏、盐穴储层等。目前全球地质储氢项目以盐穴储氢为主，技术成熟度已发展至 10 级，处于市场化导入阶段，是当前最具前景的地质储氢技术；硬岩穴储氢尚处于大型原型阶段（技术成熟度 5 级）；枯竭气田储氢和含水层储氢则处于小型原型阶段，技术成熟度分别为 4 级和 3 级。地质储氢技术前沿发展方向聚焦在地下储层的识别、评估和论证，以及储氢过程中的氢腐蚀、微生物反应、地质反应等方面。

第5章

电力用氢技术发展趋势分析

本章重点针对电力用氢技术方向进行定量分析，包括质子交换膜燃料电池、固体氧化物燃料电池、热电联产、氢燃气轮机4项关键技术，基于国际战略规划、项目部署、科研论文和发明专利等数据进行总结分析，明确全球及重点国家的技术布局重点和优势研发力量，揭示全球及中国的基础研究态势和技术开发态势。

5.1 战略规划布局分析

全球在氢能战略的电力用氢技术方向重点关注质子交换膜燃料电池、固体氧化物燃料电池、燃料电池分布式发电、热电联产和氢燃气轮机等。质子交换膜燃料电池以成本和电池寿命问题为重点，中国在《能源技术革命创新行动计划（2016—2030年）》中提出要重点突破低成本长寿命电催化剂、聚合物电解质膜、有序化膜电极、高一致性电堆及双极板、模块化系统集成、智能化过程检测控制、氢源技术等关键核心技术；固体氧化物燃料电池以成本和高温问题为重点，美国在《氢能计划发展规划》中提到在固体氧化物燃料电池中着重研发材料以降低成本并解决高温运行相关问题；热电联产技术方面，英国在《国家氢能战略》中提到要尽量应用以氢气为燃料的热电联产技术获取热能；氢燃气轮机方面以提高氢浓度和降低氮氧化物（NOx）为重点，美国《氢能计划发展规划》提到，提高燃气轮机中简单循环和组合循环的氢浓度（最高达100%）并优化低NOx燃烧的组件设计。

5.2 项目技术布局分析

5.2.1 重点国家项目演变趋势

在重点国家布局的电力用氢项目中，质子交换膜燃料电池和固体氧化物燃料电池项目分别占 46.7%、38.3%。2018—2021 年全球质子交换膜燃料电池项目数虽有波动，但始终占比最高；固体氧化物燃料电池、热电联产、氢燃气轮机 3 个关键技术呈上升趋势（图 5.1）。

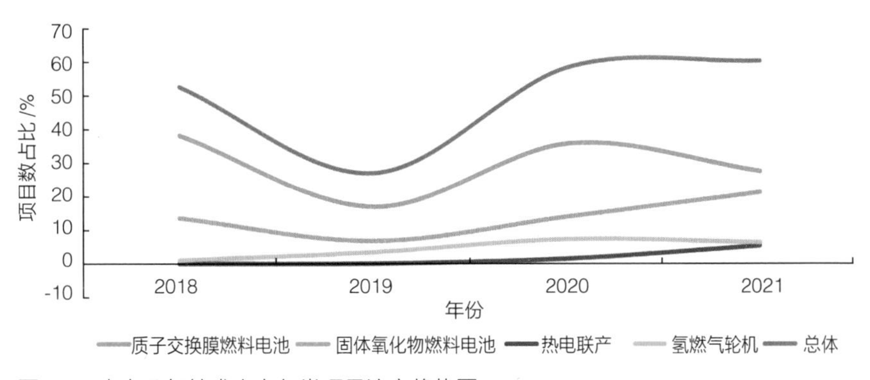

图 5.1 电力用氢技术方向各类项目演变趋势图

5.2.2 重点国家项目布局对比

（1）2018—2022 年，重点国家在电力用氢项目上集中布局质子交换膜燃料电池和固体氧化物燃料电池，且占本国氢能项目比重明显高于其他关键技术（表 5.1）。日本、法国、德国、英国在本国氢能项目中用超过 20% 的比重支持质子交换膜燃料电池，中国和美国也超过了 10%；而法国、德国将超过 10% 的氢能项目用于支持固体氧化物燃料电池。在氢燃气轮机关键技术方面，日本部署比例最高。在关注的项目范围内，中国和德国部署了热电联产项目。

（2）中国和美国对电力用氢的项目布局趋势大体相同（图 5.2），

表 5.1　2018—2022 年重点国家电力用氢技术方向布局项目数及占比

国家	质子交换膜燃料电池		固体氧化物燃料电池		热电联产		氢燃气轮机		氢能项目总数 / 项
	布局项目数 / 项	占本国氢能项目比重 /%	布局项目数 / 项	占本国氢能项目比重 /%	布局项目数 / 项	占本国氢能项目比重 /%	布局项目数 / 项	占本国氢能项目比重 /%	
中国	14	19.44	7	9.72	3	4.17	2	2.78	72
美国	13	11.30	4	3.48	0	0.00	1	0.87	115
法国	12	22.64	7	13.21	0	0.00	1	1.89	53
英国	8	21.05	3	7.89	0	0.00	1	2.63	38
德国	13	24.07	9	16.67	2	3.70	2	3.70	54
日本	54	26.34	15	7.32	0	0.00	13	6.34	205

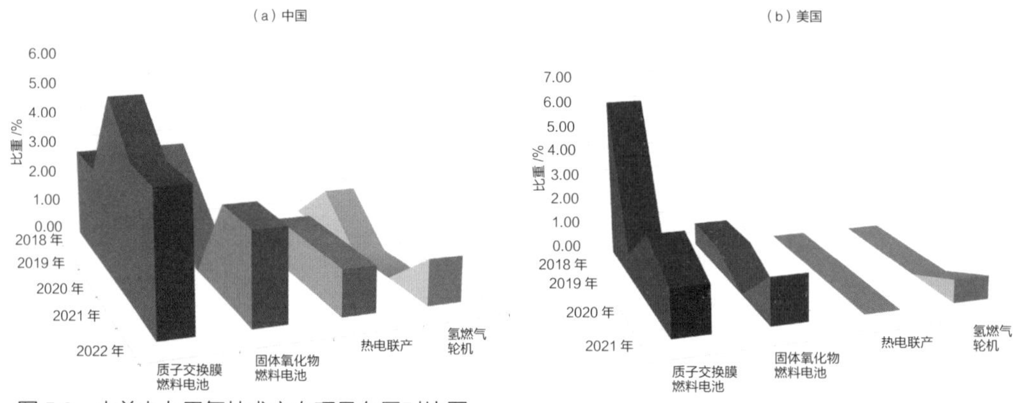

图 5.2　中美电力用氢技术方向项目布局对比图

主要以质子交换膜燃料电池和固体氧化物燃料电池为主。2018—2022 年，中国和美国在电力用氢项目上均持续布局，并且在投入力度上都明确以质子交换膜燃料电池与固体氧化物燃料电池为重点。相比美国，中国还在热电联产技术上做了较为持续的部署。

5.2.3 项目主要研发力量

从电力用氢项目的承担单位来看，国际上较为突出的研发力量主要是大学和科研机构，包括美国范德堡大学、日本东北大学和九州大学、德国弗朗霍夫协会、法国原子能和替代能源委员会、英国伯明翰大学等。同时，各国参与电力用氢项目的研发力量较其他项目更为密集（图 5.3）。

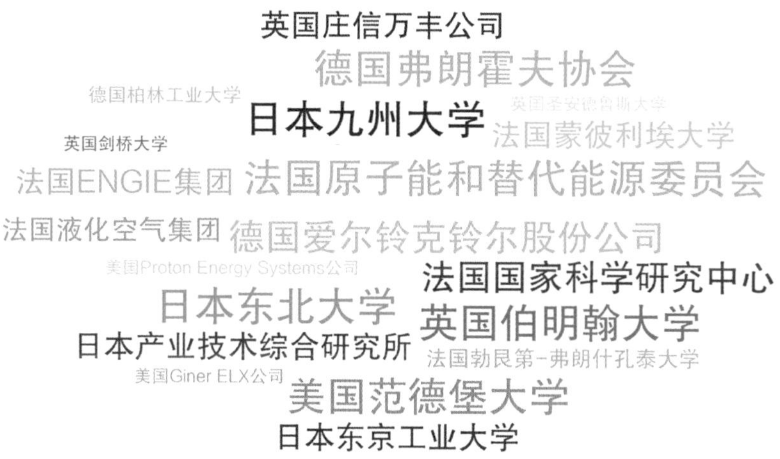

英国庄信万丰公司
德国弗朗霍夫协会
德国柏林工业大学
日本九州大学
英国圣安德鲁斯大学
英国剑桥大学
法国蒙彼利埃大学
法国ENGIE集团
法国原子能和替代能源委员会
法国液化空气集团
德国爱尔铃克铃尔股份公司
美国Proton Energy Systems公司
法国国家科学研究中心
日本东北大学
英国伯明翰大学
日本产业技术综合研究所
法国勃艮第-弗朗什孔泰大学
美国Giner ELX公司
美国范德堡大学
日本东京工业大学

图 5.3　全球电力用氢技术方向主要研发力量词云

5.3 基础研究态势分析

5.3.1 全球研究态势分析

1. 2003—2022年，全球电力用氢技术方向保持较高的研究活跃度，尤其是燃料电池技术

通过在 Web of Science 文献数据库平台进行关键词检索，获得 2003—2022 年全球电力用氢技术方向发表的科研论文 39 439 篇（文献类型为 article）。对比电力氢能领域总发文量可知，电力用氢技术方向发文量占该领域 70.7%，其中质子交换膜燃料电池发文量最多，其次是固体氧化物燃料电池。这两项燃料电池技术合计在该技术方向发文占比超过 96.6%，且保持持续增长（表 5.2）。热电联产和氢燃气轮机虽然发文量相对较少，但 4 个五年期复合增长率高达 94.5% 和 77.2%。

表 5.2　2003—2022 年全球电力用氢技术方向发文量及增长情况

关键技术	发文量 / 篇					2018—2022 年占比 /%	4 个五年期 CGR/%
	合计	2003—2007 年	2008—2012 年	2013—2017 年	2018—2022 年		
质子交换膜燃料电池	20 570	2 500	5 173	5 556	7 341	35.7	43.2
固体氧化物燃料电池	17 521	2 111	4 729	5 184	5 497	31.4	37.6
热电联产	1 211	84	202	307	618	51.0	94.5
氢燃气轮机	825	71	142	217	395	47.9	77.2
总体	39 439	4 704	10 117	11 070	13 548	34.4	42.3

进一步聚焦 2018—2022 年发文情况（表 5.3）发现，质子交换膜燃料电池技术发文量居首位；固体氧化物燃料电池技术发文量缓慢增长，复合年均增长率仅为 2.6%；热电联产发文量保持稳步增长，而氢燃气轮机发文量在 2022 年出现下降。

表 5.3　2018—2022 年全球电力用氢技术方向发文量及增长情况

关键技术	发文量 / 篇						2018—2022 年 CAGR/%
	合计	2018 年	2019 年	2020 年	2021 年	2022 年	
质子交换膜燃料电池	7 341	1 131	1 255	1 493	1 670	1 792	12.2
固体氧化物燃料电池	5 497	1 048	1 025	1 118	1 143	1 163	2.6
热电联产	618	90	106	116	155	151	13.8
氢燃气轮机	395	48	60	62	128	97	19.2
总体	13 548	2 272	2 389	2 735	3 023	3 129	8.3

2. 中国在电力用氢技术方向具备一定的研究影响力

统计 2018—2022 年除中国外的全球发文量（表 5.4）发现，扣除中国发文量后，全球电力用氢技术方向发文量出现一定程度的下降，而复合年均增长率降至负值。尤其是质子交换膜燃料电池技术，发文量下降超过四成，表明中国是 2018—2022 年该技术的主要研究国家。

表 5.4　2018—2022 年全球（除中国外）电力用氢技术方向发文量、复合年均增长率及全球占比

关键技术	发文量 / 篇						2018—2022 年 CAGR/%	2018—2022 年全球（除中国外）占比 /%
	合计	2018 年	2019 年	2020 年	2021 年	2022 年		
质子交换膜燃料电池	4282	817	826	904	907	828	0.3	58.3
固体氧化物燃料电池	3328	686	671	699	658	614	–2.7	60.5
热电联产	418	69	75	82	108	84	5.0	67.6
氢燃气轮机	293	40	47	50	94	62	11.6	74.2
总体	8131	1576	1578	1700	1724	1553	–0.4	60.0

5.3.2 中国研究态势分析

1. 2018—2022年，中国电力用氢领域研究成果持续增多，在全球的贡献相对均衡

中国在电力用氢方向的发文量达到5417篇，占全球40.0%，其中各项关键技术的发文量全球占比在25%—42%，优势不够明显（表5.5）。中国发表论文中，质子交换膜燃料电池与固体氧化物燃料电池发文量远超其余两项技术，表明中国机构更为关注燃料电池研究。

表 5.5　2018—2022 年中国电力用氢技术方向发文量、复合年均增长率及全球占比

关键技术	发文量 / 篇						2018—2022 年 CAGR/%	2018—2022 年全球占比 /%
	合计	2018 年	2019 年	2020 年	2021 年	2022 年		
质子交换膜燃料电池	3059	314	429	589	763	964	32.4	41.7
固体氧化物燃料电池	2169	362	354	419	485	549	11.0	39.5
热电联产	200	21	31	34	47	67	33.6	32.4
氢燃气轮机	102	8	13	12	34	35	44.6	25.8
总体	5417	696	811	1035	1299	1576	22.7	40.0

2. 中国在电力用氢技术方向的研究论文影响力高于全球水平

从论文篇均被引频次来看（表5.6），中国（16.5次）超过了全球水平（14.9次），各项关键技术的篇均被引频次也接近或超过全球水平。

表 5.6　2018—2022 年中国及全球电力用氢技术方向论文篇均被引频次

关键技术	发文量 / 篇		篇均被引频次 / 次		RACR
	中国	全球	中国	全球	
质子交换膜燃料电池	3 059	7 341	18.9	17.1	1.11
固体氧化物燃料电池	2 169	5 497	13.1	11.8	1.11
热电联产	200	618	17.5	19.3	0.91
氢燃气轮机	102	395	11.9	12.2	0.98
总体	5 417	13 548	16.5	14.9	1.11

3. 中国在两项燃料电池技术方面具备相对较强的高水平成果产出能力

总体来看，中国在电力用氢技术方向发表高被引论文数量占全球48.0%。其中质子交换膜燃料电池和固体氧化物燃料电池高被引论文全球占比约为50%，具备相对较强的研究影响力（表5.7）。

表5.7　2018—2022年中国及全球电力用氢技术方向入选全球高被引论文数量及占比情况

关键技术	高被引论文数量/篇		中国高被引论文产出率/%	中国高被引论文全球占比/%
	中国	全球		
质子交换膜燃料电池	373	734	12.2	50.8
固体氧化物燃料电池	261	550	12.0	47.5
热电联产	16	62	8.0	25.8
氢燃气轮机	10	40	9.8	25.0
总体	650	1355	12.0	48.0

5.3.3 国家对比分析

中国在电力用氢技术方向发表论文数量（5417篇）居于首位（表5.8），其次是美国（1526篇）和韩国（1187篇）。从论文篇均被引频次来看，

表5.8　电力用氢技术方向国家发文量、篇均被引频次和高被引论文数量排名[排名前5的国家（除中国之外）及中国]

国家	发文量/篇	排名	国家	篇均被引频次/次	排名	国家	高被引论文数量/篇	排名
中国	5417	1	阿联酋	28.7	1	中国	650	1
美国	1526	2	以色列	23.7	2	美国	249	2
韩国	1187	3	美国	22.7	3	伊朗	138	3
德国	795	4	新加坡	21.2	4	英国	116	4
伊朗	744	5	埃及	20.0	5	韩国	95	5
印度	707	6	中国	16.5	24	德国	75	6

阿联酋位列第一（28.7 次），其次是以色列（23.7 次）和美国（22.7 次），而中国（16.5 次）仅排在第 24 位。在高被引论文发文量方面，中国发表了 650 篇高被引论文，处于首位，其次是美国（249 篇）和伊朗（138 篇）。由此可见，中国仍是电力用氢技术方向研究论文的最大贡献国，但同样存在总体影响力不够的问题。

5.3.4 研究前沿主题分析

基于前沿主题综合指数，电力用氢技术方向排名前 10 的前沿主题，如表 5.9 所示。全球电力用氢前沿研究主要聚焦在质子交换膜燃料电池技术和固体氧化物燃料电池技术，两项技术各自有 4 项前沿主题；氢燃气轮

表 5.9　2018—2022 年全球电力用氢技术方向排名前 10 的前沿主题

关键技术	前沿主题	主题新颖度	主题强度	主题影响力	主题增长度	前沿主题综合指数
质子交换膜燃料电池	质子交换膜燃料电池电堆降解机理研究	1.00	0.88	0.84	0.61	0.80
质子交换膜燃料电池	质子交换膜燃料电池低铂含量高活性催化剂研究	0.61	1.00	1.00	0.65	0.79
固体氧化物燃料电池	中温固体氧化物燃料电池复合阴极研究	0.56	1.00	0.78	0.83	0.78
固体氧化物燃料电池	固体氧化物燃料电池高活性氧还原催化剂研究	1.00	0.90	0.54	0.42	0.73
固体氧化物燃料电池	固体氧化物燃料电池电解质材料开发及性能表征	0.68	1.00	0.46	0.66	0.70
固体氧化物燃料电池	固体氧化物燃料电池运行性能模拟	0.41	0.69	1.00	0.80	0.70
质子交换膜燃料电池	质子交换膜燃料电池气体传输特性研究	0.44	0.56	0.73	0.80	0.66
氢燃气轮机	贫预混氢燃气轮机的燃烧动力学分析	0.63	1.00	1.00	0.00	0.65
热电联产	分布式热电联产系统多目标优化研究	1.00	0.31	1.00	0.39	0.63
质子交换膜燃料电池	质子交换膜燃料电池氧还原催化剂结构设计	0.38	0.58	0.39	0.94	0.62

机和热电联产分别有 1 项前沿主题进入前 10。质子交换膜燃料电池前沿研究重点关注催化剂开发、气体传输特性以及电堆降解机理等方面；固体氧化物燃料电池前沿研究则聚焦于阴极、电解质、催化剂等关键组件材料研究，以及燃料电池运行性能模拟方面；氢燃气轮机前沿研究为贫预混燃烧的动力学分析；热电联产技术前沿主题在于分布式热电联产系统的多目标优化。

5.4 技术开发态势分析

5.4.1 全球技术开发态势分析

2003—2022 年，电力用氢技术方向的技术开发也以燃料电池技术为主导，发展逐步迈向成熟。采用关键词检索方式，在 incoPat 专利数据库平台检索并经同族专利合并，获得 2003—2022 年全球电力用氢相关发明专利 17 523 项。通过对专利申请量的分析，发现两种燃料电池技术专利申请量大幅超过其他关键技术，但从 4 个五年期专利数量变化来看已经出现成熟期迹象。从复合增长率来看氢燃气轮机增长最快，是近年来新兴开发的技术（表 5.10）。

表 5.10　2003—2022 年全球电力用氢技术方向发明专利申请量及增长情况

关键技术	专利申请量 / 项					2018—2022 年占比 /%	4 个五年期 CGR/%
	合计	2003—2007 年	2008—2012 年	2013—2017 年	2018—2022 年		
质子交换膜燃料电池	7 576	2 927	1 772	1 178	1 699	22.4	–16.6
固体氧化物燃料电池	8 358	1 861	2 333	2 116	2 048	24.5	3.2
热电联产	1 022	243	228	233	318	31.1	9.4
氢燃气轮机	778	128	164	164	322	41.4	36.0
总体	17 523	5 120	4 455	3 649	4 299	24.5	–5.7

2018—2022 年，全球质子交换膜燃料电池和固体氧化物燃料电池专利申请量均在 2022 年开始下降（表 5.11），其一部分原因是专利公开存在一定滞后性，但从总体趋势来看已趋向平缓。

除中国外，世界范围内其他国家 2018—2022 年同样以燃料电池为主，但其专利申请量复合年均增长率均为负值（表 5.12），说明专利申请量有所减少，技术开发也趋向成熟。其中，固体氧化物燃料电池专利申请量在 2022 年出现大幅下降，表明中国正成为该项技术的主要专利来源国。

表 5.11 2018—2022 年全球电力用氢技术方向发明专利申请量及增长情况

关键技术	专利申请量 / 项						2018—2022 年 CAGR/%
	合计	2018 年	2019 年	2020 年	2021 年	2022 年	
质子交换膜燃料电池	1699	275	350	309	399	366	7.4
固体氧化物燃料电池	2048	395	404	405	445	399	0.3
热电联产	318	33	53	56	78	98	31.3
氢燃气轮机	322	25	41	56	112	88	37.0
总体	4299	718	827	812	1013	929	6.7

表 5.12 2018—2022 年全球电力用氢技术方向发明专利申请量及增长情况（除中国外）

关键技术	专利申请量 / 项						2018—2022 年 CAGR/%
	合计	2018 年	2019 年	2020 年	2021 年	2022 年	
质子交换膜燃料电池	547	145	141	103	92	66	–17.9
固体氧化物燃料电池	1031	280	231	224	222	74	–28.3
热电联产	113	17	22	31	20	23	7.8
氢燃气轮机	207	26	31	41	76	33	6.1
总体	1872	463	420	391	404	194	–19.5

5.4.2 中国技术开发态势分析

1. 中国正成为全球最主要的电力用氢市场

如表 5.13 所示，2018—2022 年，中国受理的在电力用氢方面的专利数量（2768 项）占全球的 64.4%，且除氢燃气轮机以外的其他关键技术占比均超过一半，尤其是质子交换膜燃料电池技术（75.0%）。就增长速度来看，中国专利受理量复合年均增长率（17.8%）也大幅超过全球水平（6.7%），在热电联产、氢燃气轮机等技术方向保持了旺盛的增长势头，表明中国市场受到各国重视。

表 5.13　2018—2022 年中国电力用氢技术方向发明专利受理量、复合年均增长率及全球占比

关键技术	专利受理量 / 项						2018—2022 年 CAGR/%	2018—2022 年全球占比 /%
	合计	2018 年	2019 年	2020 年	2021 年	2022 年		
质子交换膜燃料电池	1274	179	234	232	327	302	14.0	75.0
固体氧化物燃料电池	1196	191	219	199	252	335	15.1	58.4
热电联产	214	18	32	26	62	76	43.3	67.3
氢燃气轮机	146	9	14	18	42	63	62.7	45.3
总体	2768	393	483	468	668	756	17.8	64.4

2.　中国 2018—2022 年极为重视燃料电池技术开发，并开始关注氢燃气轮机技术

中国是全球电力用氢领域发明专利的重要贡献国，中国机构专利申请量占全球的 59.7%，其中质子交换膜燃料电池技术占比达到 70.0%。从增长速度来看，氢燃气轮机 2021—2022 年逐渐受到关注，专利申请量大幅增长，但从绝对数量来看还处于起步阶段（表 5.14）。

表 5.14　2018—2022 年中国电力用氢技术方向发明专利申请量、复合年均增长率及全球占比

关键技术	专利申请量 / 项						2018—2022 年 CAGR/%	2018—2022 年全球占比 /%
	合计	2018 年	2019 年	2020 年	2021 年	2022 年		
质子交换膜燃料电池	1189	153	218	210	307	301	18.4	70.0
固体氧化物燃料电池	1105	166	185	195	233	326	18.4	54.0
热电联产	211	18	31	25	61	76	43.3	66.4
氢燃气轮机	123	3	11	15	37	57	108.8	38.2
总体	2565	335	429	438	623	740	21.9	59.7

3. 中国在质子交换膜燃料电池和热电联产技术主题具备较强的核心技术竞争力

高价值专利申请方面，两种燃料电池技术专利申请量占据主导，但从高价值专利产出率和全球占比来看，质子交换膜燃料电池和热电联产技术优势更为突出（表 5.15）。

表 5.15 2018—2022 年全球及中国电力用氢技术方向高价值专利申请情况

关键技术	高价值专利申请量 / 项		高价值专利产出率 /%		中国高价值专利全球占比 /%
	全球	中国	全球	中国	
质子交换膜燃料电池	525	353	30.9	29.7	67.2
固体氧化物燃料电池	578	284	28.2	25.7	49.1
热电联产	89	53	28.0	25.1	59.6
氢燃气轮机	70	18	21.7	14.6	25.7
总体	1241	697	28.9	27.2	56.2

5.4.3 国家对比分析

从全球范围内的全部发明专利来看（表 5.16），中国受理专利数量最多，达到 2768 项，其次是日本（483 项）和韩国（383 项）；中国同时是该领域最主要的专利技术来源国，申请了 2565 项专利，日本（611 项）和韩国（411 项）分别位居第二、第三。中国也是电力用氢高价值专利的最大布局市场和技术来源国。但从高价值专利产出率看，中国有 27.2% 的专利转化为高价值专利，日本、韩国高价值专利产出率分别达到 30.8% 和 21.7%。

从专利流向（图 5.4、图 5.5）来看，中国（98.55%）、日本（72.83%）、韩国（90.27%）机构大部分在本国申请专利，美国、德国较为重视国际市场。中国机构申请的少量国际专利分布于世界知识产权组织、美国、日本等，高价值专利同样集中于本国（98.13%）。日本机构申请的国际专利大多分布于世界知识产权组织、中国、美国等，高价值专利布局在日本（52.13%）、美国（18.09%）、中国（16.49%）等。韩国机构主

表 5.16　电力用氢技术方向国家（机构）发明专利数量、高价值专利数量排名
[排名前 5 的国家（机构）（除中国之外）及中国]

所有专利					
专利受理国（机构）	受理量 / 项	排名	专利申请国	申请量 / 项	排名
中国	2768	1	中国	2565	1
日本	483	2	日本	611	2
韩国	383	3	韩国	411	3
美国	349	4	美国	358	4
世界知识产权组织	149	5	德国	135	5
德国	102	6	法国	59	6
高价值专利					
专利受理国（机构）	受理量 / 项	排名	专利申请国	申请量 / 项	排名
中国	755	1	中国	697	1
美国	200	2	日本	188	2
日本	121	3	美国	135	3
韩国	70	4	韩国	89	4
印度	30	5	英国	25	5
欧洲专利局	19	6	法国	21	6

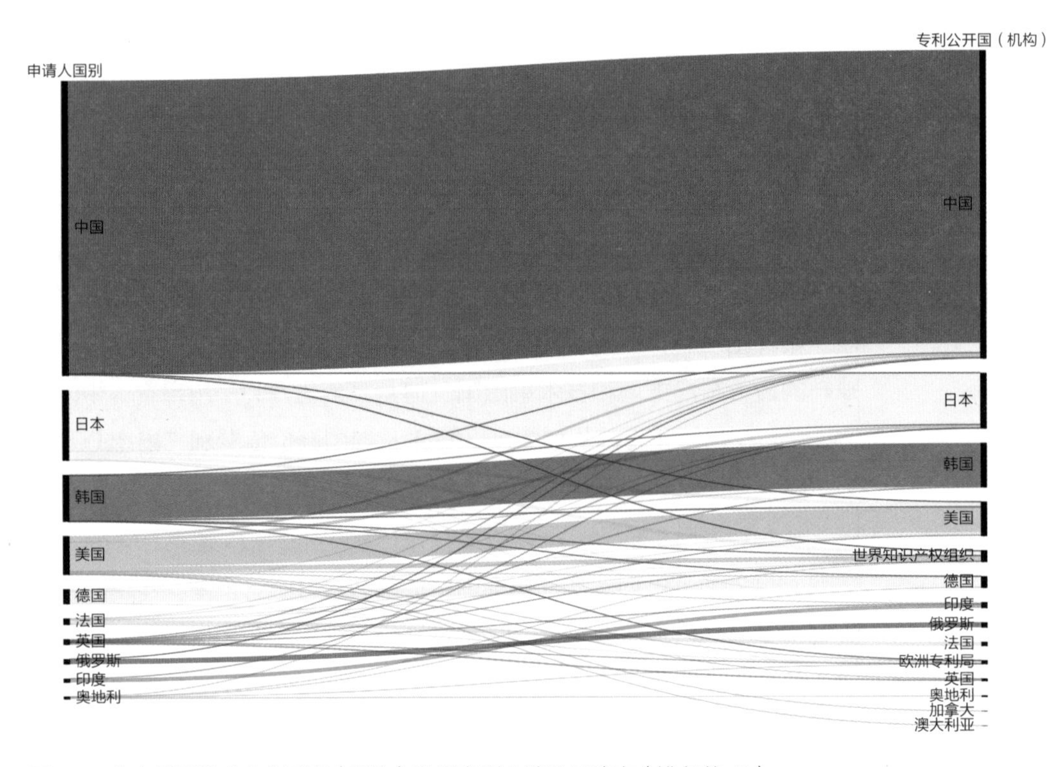

图 5.4　电力用氢技术方向国家（机构）发明专利申请公开流向（排名前 10）

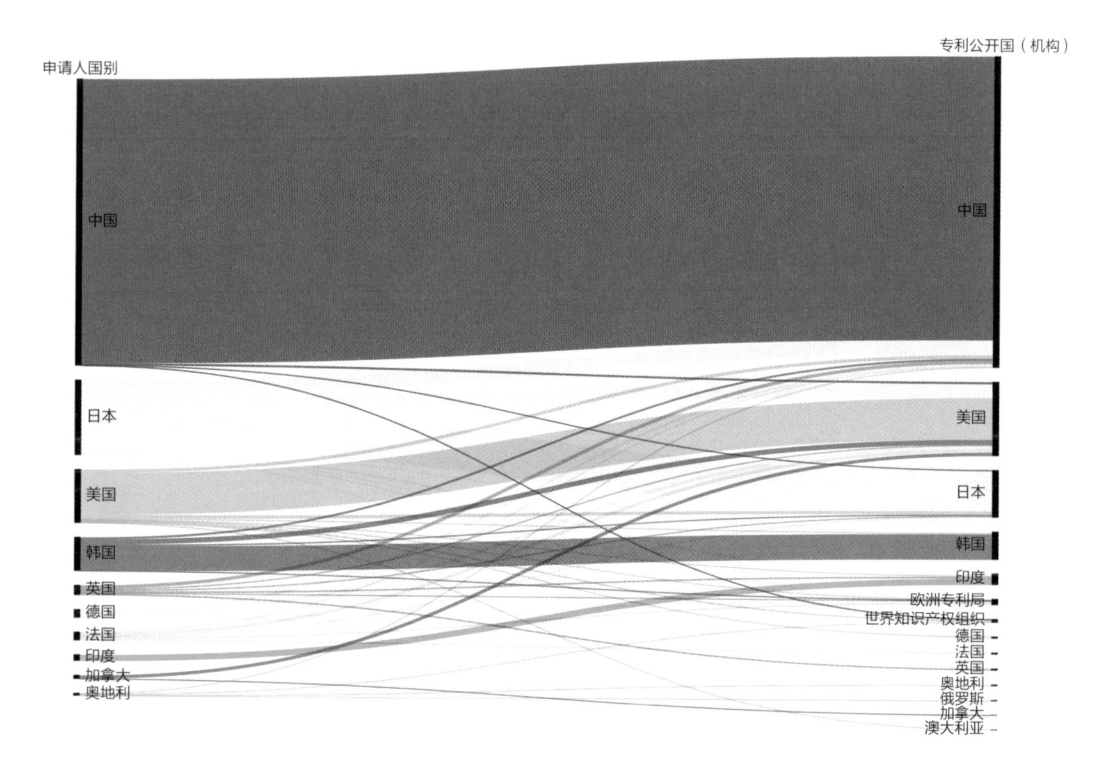

图 5.5 电力用氢技术方向国家（机构）发明高价值专利申请公开流向（排名前 10）

要在韩国（90.27%）、美国（3.41%）等申请专利，其高价值专利同样主要布局在韩国（68.53%）和美国（13.48%）。美国和德国专利申请量分别位居第四、第五，其国际专利布局分散，高价值专利主要布局在本国及中国和日本。

5.4.4 技术布局重点方向分析

针对 2018—2022 年电力用氢技术方向相关专利进行分析，通过专利聚类词云图（图 5.6）可以看出，2018—2022 年该方向专利布局围绕如下方面展开：①催化剂层，涉及催化剂材料等；②燃料电池堆，重点关注双极板、阴极流场、气体扩散层、制造方法、密封等方面；③质子交换膜燃料电池，涉及聚合物电解质膜、质子电导率等；④热电联产，包括联供系统、固体氧化物燃料电池、发电系统等；⑤氢燃气轮机。

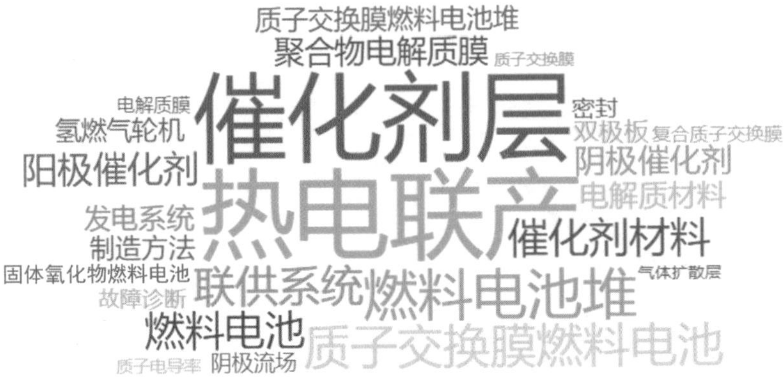

图 5.6　2018—2022 年电力用氢技术方向发明专利关键词词云

资料来源：图片为 incoPat 专利平台经检索电力用氢相关发明专利后对关键词聚类生成

基于 IPC 分类号对全球电力用氢技术方向发明专利申请量进行排序，前 10 位如表 5.17 所示。由此可见，对电力用氢的技术开发主要集中在燃料电池技术，包括：①燃料电池电极、催化剂材料及制备；②高温固体氧化物燃料电池及其制造方法；③燃料电池膜电极组件；④燃料电池热交换系统。

表 5.17　2018—2022 年电力用氢发明专利主要布局方向（基于 IPC 小组前 10 位）

IPC 分类号	释义	专利族数量 / 个
H01M4/88	制造方法	670
H01M4/86	用催化剂活化的惰性电极，例如用于燃料电池	619
H01M8/12	高温工作的，例如具有稳定二氧化锆电解质的	559
H01M4/90	催化材料的选择	477
H01M8/10	固体电解质的燃料电池	404
H01M8/124	其特征在于制造方法或电解质材料	401
H01M8/04007	涉及热交换	368
H01M8/04014	涉及热交换	339
H01M8/1004	其特征在于膜电极组件的	325
H01M8/0612	由含碳材料产生的	317

5.5 技术发展趋势

全球电力用氢技术方向重点以质子交换膜燃料电池和固体氧化物燃料电池为主，而在 2018—2022 年其他氢能发电技术（如氢燃气轮机、热电联产）也开始快速发展，电力用氢开始向多元化发展。

（1）质子交换膜燃料电池技术具有能量转化效率高、工艺相对简单、低温下快速启动、比功率高等特点。目前，该技术主要在燃料电池汽车上大规模使用，发电领域仅有少量示范应用。该技术还存在工作温度范围狭窄，容易催化剂中毒，且催化剂、膜材料等成本较高问题。前沿发展方向聚焦在低成本催化剂开发，新型复合膜材料研发，膜电极、双极板等关键部件设计和制造，运行优化管理等方面。

（2）固体氧化物燃料电池具有清洁、能量转化效率高和燃料选择范围广等诸多优点，且其运行过程中的高温余热可以通过汽轮机再次发电或者通过热电联产的方式得到充分利用，提高能量利用效率。尽管固体氧化物燃料电池已经被商业化应用，但其在性能、寿命、成本等方面存在问题，仍处于市场导入阶段，技术成熟度在 9 级。该技术前沿方向聚焦于电极及催化剂设计、材料开发、复合结构及性能相关研究，电池及电堆衰减机理及测试方法研究，系统集成及仿真模拟等方面，并将开发可低温运行的电解质材料（如质子导体陶瓷电解质、复合电解质等）。

（3）燃料电池热电联产能够有效利用燃料电池运行过程中的余热，可提高能源利用效率、减少碳排放、提高供热质量。国际上燃料电池热电联产多用于小规模供热和供电，技术成熟度达到 9 级，处于市场导入阶段，中国尚处于研发示范的初步阶段。目前，该技术投资和运维成本仍相对较高、燃料电池运行寿命尚有不足，仍需进一步提升技术和经济性能。前沿方向聚焦于系统能量管理和运行优化、多能流控制、系统集成等方面，通过多尺度建模和运行测试探索多种运行模式下的系统优化策略。

（4）氢燃气轮机通过将清洁的富氢 / 氢燃料作为燃料替代天然气，可大幅减少燃气轮机碳排放，同时保留燃气轮机的运行灵活等优点，为未来电力系统的调峰运行提供补充。目前，全球氢 / 天然气混合燃料燃气轮

机技术成熟度达到 9 级，处于市场导入阶段，而纯氢燃料燃气轮机尚处于示范阶段（技术成熟度 7 级）。该技术前沿方向以提高氢浓度和燃烧及排放性能为重点，聚焦于贫预混燃烧、燃料喷射及点火特性、回火及稳燃、NOx 生成机理及排放预测、整体煤气化联合循环（integrated gasification combined cycle，IGCC）、富氢燃气轮机、集成氢燃气轮机的能源系统、实时诊断技术等方面。

第 6 章

电氢耦合技术发展趋势分析

本章重点针对电氢耦合技术方向进行定量分析，包括 Power-to-X、风光制氢、氢能与电网互动 3 项关键技术，基于国际战略规划、项目部署、科研论文和发明专利等数据进行总结分析，明确全球及重点国家的技术布局重点和优势研发力量，揭示全球及中国的基础研究态势和技术开发态势。

6.1 战略规划布局分析

全球氢能战略在电氢耦合技术方向重点关注 Power-to-X、风光制氢技术和氢能与电网互动技术。在 Power-to-X 方面，欧洲等国家十分推崇其在氢能发展中的应用，德国在《国家氢能战略》中多次提及，将氢气作为工业的原料，利用 Power-to-X 工艺生产煤油；在风光制氢方面，中国《氢能产业发展中长期规划（2021—2035 年）》提到在风光水电资源丰富地区，开展可再生能源制氢示范，逐步扩大示范规模，探索季节性储能和电网调峰；在氢能与电网互动方面，《英国氢能战略》提出通过“电转气”“电转气转电”系统可实现可再生能源、氢能与电网灵活联动。

6.2 项目技术布局分析

6.2.1 重点国家项目演变趋势

重点国家部署的电氢耦合项目中，2018—2021 年风光制氢项目占比超过一半，约为 52.5%，Power-to-X 项目占比 38.8%。Power-to-X、风光制氢 2 个关键技术的项目占比在 2020 年后呈现迅速上升趋势（图 6.1）。

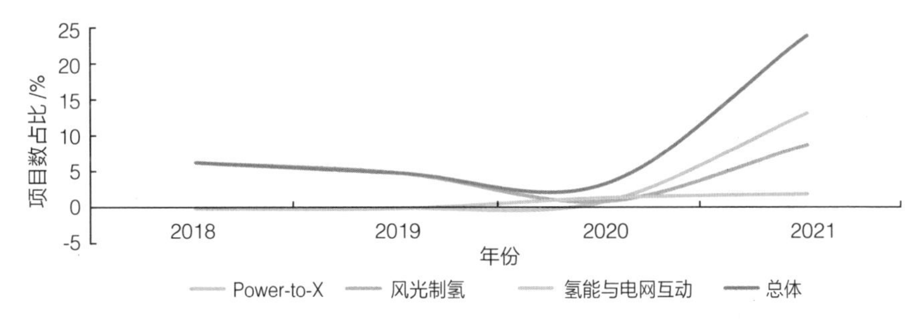

图 6.1 电氢耦合技术方向各类项目演变趋势图

6.2.2 重点国家项目布局对比

1. 2018—2022 年，各国在电氢耦合技术方向的项目布局以 Power-to-X 和风光制氢为主

其中 Power-to-X 以中国和英国为主，风光制氢以中国、日本相对布局较多。此外中国和美国还关注了氢能与电网互动（表 6.1）。

表 6.1 2018—2022 年重点国家电氢耦合技术方向布局项目数及占比

国家	Power-to-X		风光制氢		氢能与电网互动		氢能项目总数 / 项
	布局项目数 / 项	占本国氢能项目比重 /%	布局项目数 / 项	占本国氢能项目比重 /%	布局项目数 / 项	占本国氢能项目比重 /%	
中国	4	5.56	5	6.94	1	1.39	72
美国	1	0.87	1	0.87	2	1.74	115
法国	1	1.89	2	3.77	0	0.00	53
英国	2	5.26	0	0.00	0	0.00	38
德国	1	1.85	2	3.70	0	0.00	54
日本	2	0.98	10	4.88	0	0.00	205

2. 中国和美国在电氢耦合技术方向对 3 项关键技术均有项目部署，但侧重略有不同

尤其是 2021—2022 年，中国重点部署 Power-to-X 和风光制氢，美国重点部署 Power-to-X 和氢能与电网互动。中国在风光制氢上的布局相对持续，美国 2021—2022 年在氢能与电网互动关键技术部署率明显提升（图 6.2）。

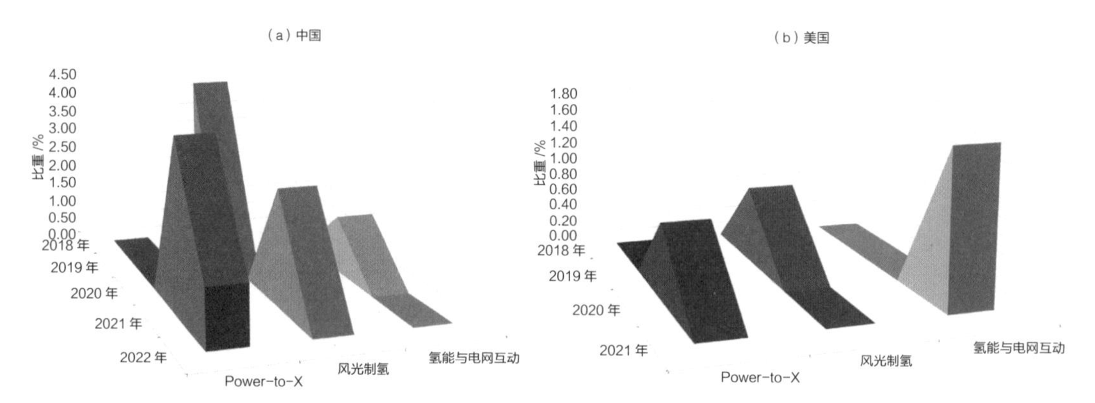

图 6.2　中美电氢耦合技术方向项目布局对比图

6.2.3 项目主要研发力量

对重点国家部署的电氢耦合项目的承担机构分析发现，国际上较为突出的研发力量主要包括：美国能源部国家可再生能源实验室，日本九州电力株式会社、川崎重工业株式会社，法国国家科学研究中心以及英国帝国理工学院等（图 6.3）。

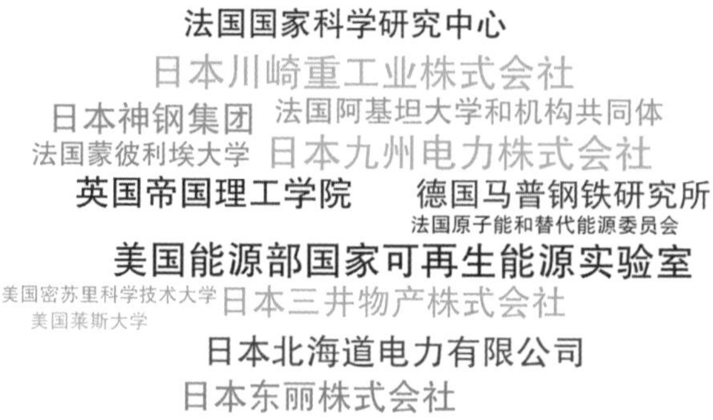

法国国家科学研究中心
日本川崎重工业株式会社
日本神钢集团　法国阿基坦大学和机构共同体
法国蒙彼利埃大学　日本九州电力株式会社
英国帝国理工学院　德国马普钢铁研究所
法国原子能和替代能源委员会
美国能源部国家可再生能源实验室
美国密苏里科学技术大学　日本三井物产株式会社
美国莱斯大学
日本北海道电力有限公司
日本东丽株式会社

图 6.3　全球电氢耦合技术方向主要研发力量词云

6.3 基础研究态势分析

6.3.1 全球研究态势分析

通过在 Web of Science 文献数据库平台进行关键词检索，获得 2003—2022 年全球电氢耦合技术方向发表的科研论文 5874 篇（文献类型为 article）。对发文量的变化趋势分析发现，全球电氢耦合技术方向研究飞速发展，2018—2022 年研究尤为活跃。4 个五年期复合增长率达到 195.8%，且 2018—2022 年发文量远超前 3 个五年期，表明电氢耦合技术方向研究活动在 2018—2022 年空前活跃。尤其是 Power-to-X 技术，4 个五年期的复合增长率超过 400%，2018—2022 年占比高达 85.5%，表明该关键技术是近年来电氢耦合技术方向最受研究者关注的技术（表 6.2）。

表 6.2　2003—2022 年全球电氢耦合技术方向发文量及增长情况

关键技术	发文量 / 篇					2018—2022 年占比 /%	4 个五年期 CGR/%
	合计	2003—2007 年	2008—2012 年	2013—2017 年	2018—2022 年		
Power-to-X	2083	12	35	255	1781	85.5	429.5
风光制氢	3235	108	327	728	2072	64.0	167.7
氢能与电网互动	1249	44	125	301	779	62.4	160.6
总体	5874	158	462	1166	4088	69.6	195.8

进一步聚焦 2018—2022 年发文情况，如表 6.3 所示，风光制氢技术发文量仍居于首位，其次是 Power-to-X 和氢能与电网互动技术。3 项关键技术的复合年均增长率较为接近，在 30% 左右，保持良好增长势头。

统计 2018—2022 年除中国外的全球发文量（表 6.4）发现，扣除中国发表论文后，全球电氢耦合技术方向发文量下降了约 1/4，复合年均增长率也略有下降，表明中国在该方向具有一定的研究实力。

表 6.3　2018—2022 年全球电氢耦合技术方向发文量及增长情况

关键技术	发文量 / 篇						2018—2022 年 CAGR/%
	合计	2018 年	2019 年	2020 年	2021 年	2022 年	
Power-to-X	1781	174	290	392	443	482	29.0
风光制氢	2072	211	315	373	507	666	33.3
氢能与电网互动	779	92	117	156	179	235	26.4
总体	4088	413	648	815	1002	1210	30.8

表 6.4　2018—2022 年全球（除中国外）电氢耦合技术方向发文量、复合年均增长率及全球占比

关键技术	发文量 / 篇						2018—2022 年 CAGR/%	2018—2022 年全球（除中国外）占比 /%
	合计	2018 年	2019 年	2020 年	2021 年	2022 年		
Power-to-X	1421	154	243	324	342	358	23.5	79.8
风光制氢	1508	177	230	286	375	440	25.6	72.8
氢能与电网互动	609	80	96	123	144	166	20.0	78.2
总体	3090	351	509	640	757	833	24.1	75.6

6.3.2 中国研究态势分析

1. 中国 2018—2022 年电氢耦合领域研究还处于成长期，保持较强的增长势头

2018—2022 年，中国在电氢耦合技术方向发表了 998 篇论文，占全球 24.4%。各项关键技术均具备一定的研究活跃度，发文量复合年均增长率在 60% 左右，但不具备较强的研究竞争力，发文量全球占比均不到 30%（表 6.5）。

表 6.5　2018—2022 年中国电氢耦合技术方向发文量、复合年均增长率及全球占比

关键技术	发文量 / 篇						2018—2022 年 CAGR/%	2018—2022 年全球占比 /%
	合计	2018 年	2019 年	2020 年	2021 年	2022 年		
Power-to-X	360	20	47	68	101	124	57.8	20.2
风光制氢	564	34	85	87	132	226	60.6	27.2
氢能与电网互动	170	12	21	33	35	69	54.9	21.8
总体	998	62	139	175	245	377	57.0	24.4

2. 中国在电氢耦合技术方向的研究影响力有待提高

中国发表论文的篇均被引频次（22.3 次）略高于全球水平（21.4 次），其中风光制氢技术表现稍好，而 Power-to-X、氢能与电网互动技术相关论文的篇均被引频次则落后于全球水平，不具备较高的影响力（表 6.6）；从高被引论文占比（25.4%）来看，中国也不具备明显优势（表 6.7）。

表 6.6 2018—2022 年全球及中国电氢耦合技术方向论文篇均被引频次

关键技术	发文量 / 篇		篇均被引频次 / 次		RACR
	全球	中国	全球	中国	
Power-to-X	1781	360	19.4	17.3	0.89
风光制氢	2072	564	23.8	26.3	1.11
氢能与电网互动	779	170	19.4	15.3	0.79
总体	4088	998	21.4	22.3	1.04

表 6.7 2018—2022 年全球及中国电氢耦合技术方向入选全球高被引论文数量及占比情况

关键技术	高被引论文数量 / 篇		中国高被引论文产出率 /%	中国高被引论文全球占比 /%
	全球	中国		
Power-to-X	178	34	9.4	19.1
风光制氢	207	62	11.0	30.0
氢能与电网互动	78	12	7.1	15.4
总体	409	104	10.4	25.4

6.3.3 国家对比分析

全球电氢耦合技术方向发文量如表 6.8 所示，排名前 3 的国家分别是中国（998 篇）、德国（510 篇）和英国（488 篇）。从论文篇均被引频次来看，美国以 34.4 次高居榜首，其次为瑞士（30.6 次）和芬兰（30.3 次），而中国位居第 26（22.3 次）。从高被引论文数量来看，中国居首位（104 篇），

表 6.8 电氢耦合技术方向国家发文量、篇均被引频次和高被引论文数量排名
[排名前 5 的国家(除中国之外)及中国]

国家	发文量 / 篇	排名	国家	篇均被引频次 / 次	排名	国家	高被引论文数量 / 篇	排名
中国	998	1	美国	34.4	1	中国	104	1
德国	510	2	瑞士	30.6	2	美国	59	2
英国	488	3	芬兰	30.3	3	伊朗	56	3
美国	364	4	卡塔尔	30.2	4	德国	53	4
意大利	338	5	荷兰	29.6	5	英国	48	5
伊朗	318	6	中国	22.3	26	意大利	37	6

其次是美国(59 篇)和伊朗(56 篇)。中国虽然发表高被引论文数量最多,但在其发表论文总量中占 10.4%,低于排名第二的美国(16.2%)。

6.3.4 研究前沿主题分析

基于前沿主题综合指数,电氢耦合技术方向排名前 10 的前沿主题,如表 6.9 所示。风光制氢技术受到较多关注,前沿主题中有 5 项为该技术相关研究,重点聚焦在可再生能源混合制氢系统相关研究,如系统集成优化设计、运行灵活性及技术经济性分析等,另外,风光制氢系统性能评估

表 6.9 2018—2022 年全球电氢耦合技术方向排名前 10 的前沿主题

关键技术	前沿主题	主题新颖度	主题强度	主题影响力	主题增长度	前沿主题综合指数
风光制氢	可再生能源与制氢集成的优化设计	0.38	1.00	0.91	0.90	0.76
氢能与电网互动	基于氢能的可再生能源并网优化控制	1.00	0.81	0.65	0.67	0.75
Power-to-X	电解制氢结合二氧化碳合成高价值化学品 / 燃料	0.96	1.00	0.37	0.64	0.74
风光制氢	风、光、氢混合系统的运行灵活性分析	0.92	0.00	0.94	0.88	0.73

续表

关键技术	前沿主题	主题新颖度	主题强度	主题影响力	主题增长度	前沿主题综合指数
风光制氢	风、光、氢混合系统的技术经济性分析	1.00	0.71	0.31	0.87	0.73
Power-to-X	电转气的技术经济和环境性评估	1.00	0.67	0.30	0.89	0.72
氢能与电网互动	基于氢能的可再生能源并网综合能量管理	0.60	0.54	0.64	0.79	0.68
风光制氢	可再生能源混合氢能的分布式系统设计	0.27	0.61	0.82	1.00	0.64
Power-to-X	Power-to-X 的灵活性预测及评估	0.15	0.94	0.60	0.91	0.61
风光制氢	风光制氢系统性能评估	0.00	0.74	1.00	0.89	0.60

也是相对前沿的主题。Power-to-X 技术有 3 项前沿主题入选，重点关注电解制氢与二氧化碳结合生产高价值化学品 / 燃料、电转气的技术经济性评估，以及 Power-to-X 的灵活性预测及评估等方面。氢能与电网互动前沿主题聚焦于基于氢能的可再生能源并网相关研究，包括优化控制、综合能量管理等。

6.4 技术开发态势分析

6.4.1 全球技术开发态势分析

（1）全球电氢耦合技术开发稳步发展，2018—2022 年开始提速。采用关键词检索方式，在 incoPat 专利数据库平台检索并经同族专利合并，获得 2003—2022 年全球电氢耦合相关发明专利 4006 项。分析发现，2003—2022 年，全球电氢耦合领域发明专利申请量逐步提升，2018—2022 年开始加快发展，专利申请量占 2003—2022 年的 49.0%，尤其是氢能与电网互动技术（66.2%）。3 项关键技术中，风光制氢和 Power-to-X 专利申请量大幅超过氢能与电网互动，后者起步较晚，在 2018—2022 年才开始形成规模，4 个五年期复合增长率达 102.5%（表 6.10）。

表 6.10　2003—2022 年全球电氢耦合技术方向发明专利申请量及增长情况

关键技术	专利申请量 / 项					2018—2022 年占比 /%	4 个五年期 CGR/%
	合计	2003—2007 年	2008—2012 年	2013—2017 年	2018—2022 年		
Power-to-X	1485	204	340	296	645	43.4	46.8
风光制氢	2087	255	382	417	1033	49.5	59.4
氢能与电网互动	903	72	77	156	598	66.2	102.5
总体	4006	509	734	802	1961	49.0	56.8

（2）2018—2022 年，全球电氢耦合领域技术开发处于加速发展阶段，专利申请量复合年均增长率达 32.3%，各个技术的复合年均增长率也都达到了 30% 以上，其中风光制氢技术研究成果数量最多，而氢能与电网互动技术增长最快，复合平均增长率达到 39.6%（表 6.11）。

表 6.11　2018—2022 年全球电氢耦合技术方向发明专利申请量及增长情况

关键技术	专利申请量 / 项						2018—2022 年 CAGR/%
	合计	2018 年	2019 年	2020 年	2021 年	2022 年	
Power-to-X	645	64	96	102	178	205	33.8
风光制氢	1033	106	141	146	315	325	32.3
氢能与电网互动	598	60	67	66	177	228	39.6
总体	1961	207	267	278	574	635	32.3

（3）除中国外，世界范围内的其他国家在电氢耦合技术方向的研究发展较为缓慢，2018—2022 年复合年均增长率及各个技术的复合年均增长率均为负值（表 6.12），表明对该技术方向的开发势头缓慢，专利申请量也有所减少。

表 6.12　2018—2022 年全球电氢耦合技术方向发明专利申请量及增长情况（除中国外）

关键技术	专利申请量 / 项						2018—2022 年 CAGR/%
	合计	2018 年	2019 年	2020 年	2021 年	2022 年	
Power-to-X	310	50	64	64	83	49	–0.5
风光制氢	265	50	49	54	86	26	–15.1
氢能与电网互动	63	15	10	10	18	10	–9.6
总体	585	107	108	115	173	82	–6.4

6.4.2 中国技术开发态势分析

（1）如表 6.13 所示，2018—2022 年，中国机构在电氢耦合技术总体领域专利受理数量占全球的 73.2%，且各技术方向占比达到一半以上。就增长速度来看，中国受理专利数量复合年均增长率（47.4%）也大幅超过全球水平（32.3%），在氢能与电网互动、风光制氢等技术方向保持了旺盛的增长势头。

表 6.13　2018—2022 年中国电氢耦合技术方向发明专利受理量、复合年均增长率及全球占比

关键技术	专利受理量 / 项						2018—2022 年 CAGR/%	2018—2022 年全球占比 /%
	合计	2018 年	2019 年	2020 年	2021 年	2022 年		
Power-to-X	381	29	41	46	103	162	53.7	59.1
风光制氢	784	60	93	97	232	302	49.8	75.9
氢能与电网互动	535	45	58	57	158	217	48.2	89.5
总体	1436	119	169	177	410	561	47.4	73.2

（2）2018—2022 年，中国在电氢耦合领域各项技术发展平稳，贡献了全球大部分氢能与电网互动和风光制氢专利。3 项关键技术的复合年均增长率均保持在50%左右，在专利申请数量上并未拉开过大差距（表6.14）。中国贡献了氢能与电网互动和风光制氢两项技术的大部分发明专利，全球占比分别达到 89.8% 和 75.1%。

表 6.14　2018—2022 年中国电氢耦合技术方向发明专利申请量、复合年均增长率及全球占比

关键技术	专利申请量 / 项						2018—2022 年 CAGR/%	2018—2022 年全球占比 /%
	合计	2018 年	2019 年	2020 年	2021 年	2022 年		
Power-to-X	357	28	35	39	96	159	54.4	55.3
风光制氢	776	60	93	92	231	300	49.5	75.1
氢能与电网互动	537	46	58	56	159	218	47.5	89.8
总体	1409	119	164	165	404	557	47.1	71.9

（3）中国在电氢耦合技术方向具备较强核心技术竞争力，尤其是氢能与电网互动技术。中国机构贡献了 2018—2022 年全球电氢耦合技术方向 68.2% 的高价值专利，氢能与电网互动技术的高价值专利占比高达 89.6%（表 6.15）。

表 6.15　2018—2022 年全球及中国电氢耦合技术方向高价值专利申请情况

关键技术	高价值专利申请量 / 项		高价值专利产出率 /%		中国高价值专利全球占比 /%
	全球	中国	全球	中国	
Power-to-X	185	97	28.7	27.2	52.4
风光制氢	247	183	23.9	23.6	74.1
氢能与电网互动	134	120	22.4	22.3	89.6
总体	478	326	24.4	23.1	68.2

6.4.3 国家对比分析

从全球范围内的发明专利来看（表 6.16），中国（1436 项）是受理电氢耦合相关专利数量最多的国家，其次是韩国（124 项）和美国（108 项）；

表 6.16 电氢耦合技术方向国家（机构）发明专利数量、高价值专利数量排名
［排名前 5 的国家（机构）（除中国之外）及中国］

所有专利					
专利受理国（机构）	受理量 / 项	排名	专利申请国	申请量 / 项	排名
中国	1436	1	中国	1409	1
韩国	124	2	韩国	136	2
美国	108	3	美国	107	3
日本	90	4	日本	102	4
世界知识产权组织	59	5	德国	41	5
印度	40	6	印度	24	6
高价值专利					
专利受理国（机构）	受理量 / 项	排名	专利申请国	申请量 / 项	排名
中国	328	1	中国	326	1
美国	50	2	美国	46	2
韩国	29	3	韩国	30	3
日本	24	4	日本	26	4
印度	19	5	印度	11	5
世界知识产权组织	6	6	英国	7	6

中国同时也是该方向最主要的专利技术来源国，申请了 1409 项专利，远超其后的韩国（136 项）和美国（107 项）。同时，中国也是电氢耦合高价值专利的最大布局市场和技术来源国。从高价值专利产出率看，中国有 23.1% 的专利转化为高价值专利，美国则高达 43.0%。

从专利流向（图 6.4、图 6.5）来看，中国（99.01%）、韩国（87.5%）、日本（81.37）机构大部分在本国市场布局，而美国、德国较为重视国际市场。中国机构主要在世界知识产权组织、韩国、美国、印度等申请国际专利，而高价值专利主要布局在国内（97.24%）。美国较为重视专利技术的国际布局，国际专利占其专利申请量的 40.19%，主要布局在世界知识产权组织（14.95%）、中国（6.54%）等，高价值专利则集中在美国（60.87%）、中国（8.70%）等。韩国机构也主要在韩国（87.5%）

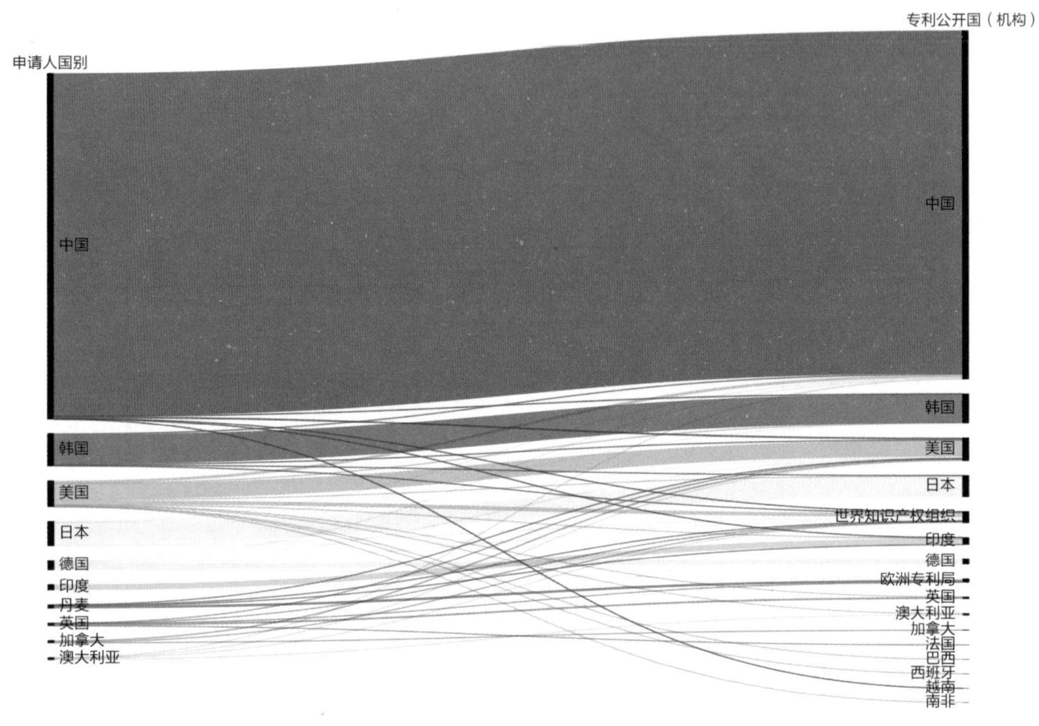

图 6.4　电氢耦合领域国家（机构）发明专利申请公开流向（排名前 10）

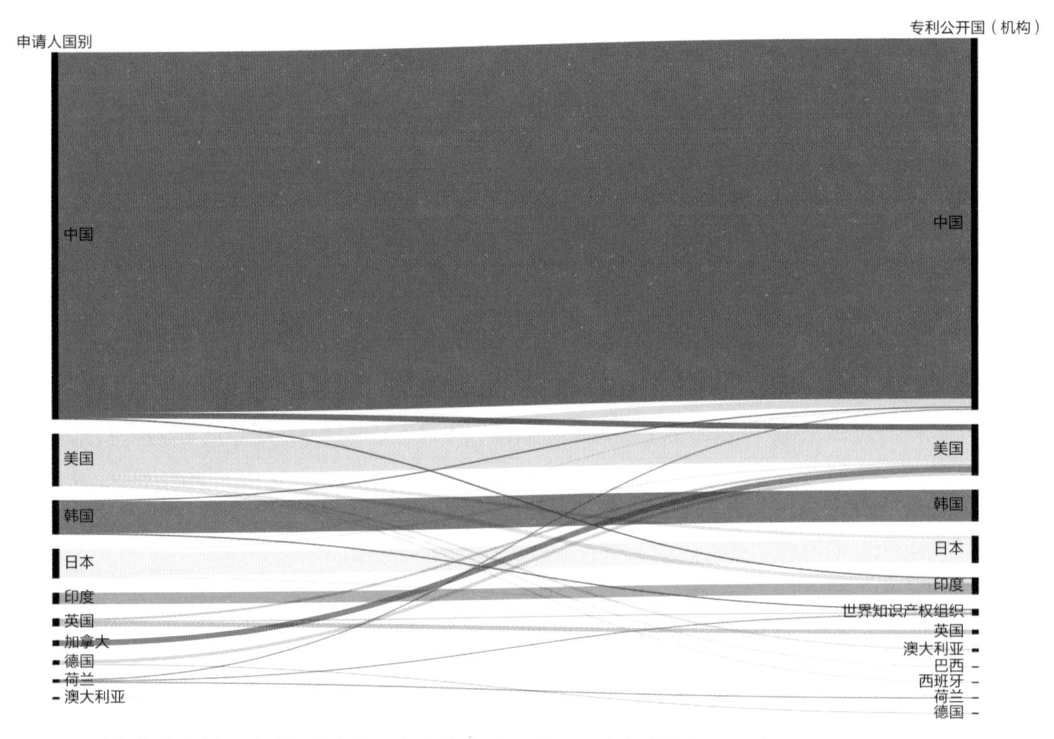

图 6.5　电氢耦合领域国家（机构）发明高价值专利申请公开流向（排名前 10）

布局，高价值专利布局情况类似（93.33% 在韩国申请）。德国专利申请量位居第五，其国际专利布局分散，而印度位居第六，其专利均分布于印度国内。

6.4.4 技术布局重点方向分析

针对 2018—2022 年电氢耦合技术方向相关专利进行分析，通过专利聚类词云图（图 6.6）可以看出，2018—2022 年电氢耦合技术方向专利布局围绕如下方面展开：①风电制氢，涉及海上风电、电解槽、直接耦合系统等；②综合能源系统，主要关注风、光等可再生能源与氢能（制氢、燃料电池）的互补耦合；③制氢系统，涉及电解槽、电催化剂、电解质、供电系统等方面；④可再生燃料，主要涉及电解制氢与二氧化碳结合转化为碳氢燃料等；⑤并网相关，涉及调频服务等。

图 6.6　2018—2022 年电氢耦合技术方向发明专利关键词词云
资料来源：图片为 incoPat 专利平台经检索电氢耦合相关发明专利后对关键词聚类生成

基于 IPC 分类号对全球电氢耦合技术方向发明专利申请量进行排序，前 10 位如表 6.17 所示，该方向的技术开发主要集中在以下方面：①电解槽及其组件、供电系统、反应物供应系统，以及运行维护；②配电网络及储能装置；③系统运行管理；④多联产系统。

表 6.17　2018—2022 年电氢耦合技术方向发明专利主要布局方向（基于 IPC 小组前 10 位）

IPC 分类号	释义	专利族数量 / 项
C25B1/04	通过电解水	901
H02J3/38	由两个或两个以上发电机、变换器或变压器对 1 个网络并联馈电的装置	399
C25B9/65	供电装置；电极连接；槽间电气连接件	342
H02J3/28	用储能方法在网络中平衡负载的装置	265
H02J15/00	存储电能的系统	229
H02J3/32	应用有变换装置的电池组	211
C25B15/08	反应物或电解液的供给或移除；电解液的再生	186
G06Q50/06	电力、天然气或水供应	182
H01M8/0656	通过电化学装置	170
C25B9/00	电解槽或其组合件；电解槽构件；电解槽构件的组合件，例如电极－膜组合件，与工艺相关的电解槽特征	155

6.5 技术发展趋势

电氢耦合技术的核心在于电力与氢能之间的灵活多元转换，包括电力到氢能及衍生品、氢能到电力的转化以及相应的并网协同运行，用以实现电、热、燃料等多种能源网络的互联互通和协同优化，电氢耦合技术的发展重点聚焦在 Power-to-X、风光制氢、氢能与电网互动等技术。

Power-to-X 技术是指将电力（尤其是可再生能源电力）转化为氢气、化学品、燃料等，利用 Power-to-X 技术的灵活性，能够提高能源系统的总体效率，还可增强能源系统对高比例可再生能源的整合。目前，全球 Power-to-X 技术主要包括电解制氢然后转化为甲醇、烯烃、氨等，技术成熟度在 7—8 级，处于市场导入阶段。Power-to-X 技术前沿发展方向聚焦在探索波动性可再生能源电力转化为氢以及二次转化为合成气、氨、甲烷、甲醇等过程与动力循环过程的有机结合方式，提升能源利用效率和系统灵活性，并发展相应的终端应用技术，形成经济、高效、灵活的一体化系统。

风光制氢指风电、光伏等发电技术与电解制氢的结合，其具有分布广泛、清洁无污染等优点，与储氢结合可促进风光资源有效利用，缓解风光能源的波动性，提升可再生能源的利用率。目前，风光制氢处于大规模试点示范阶段，国内外已建成多个综合制氢示范项目。风光制氢的前沿发展方向聚焦在风光制氢系统集成设计、系统环境和经济效益分析、风光制氢并转化为燃料、基于风光制氢的季节性储能和电网调峰等方面，尤其是针对不同地区的风光资源特点进行应用场景开发和系统规划设计，以推动氢能与区域能源资源的更好融合，提高资源利用效率，实现最小化制氢成本。

氢能与电网互动包括利用电网电力制氢，以及将氢燃料电池发电并入电网等，涉及需求响应、运行优化、调度控制、负荷分配、能量管理、电力市场等方面，更强调系统层面研究。该关键技术是电力氢能领域的新兴关键技术，前沿发展方向聚焦于氢能并网的技术经济性、负荷控制和能量管理策略等方面。

第 7 章 结论与建议

氢能作为连接气、电、热等不同能源形式的桥梁，可助力解决储能、用能、能源互通等能源转型背景下的诸多问题，在建设新型电力系统中发挥着重要作用。本书详细分析了全球与中国电力氢能科技的战略部署、基础研究和技术开发情况，并开展专家访谈，尽可能全面、客观地揭示全球电力氢能发展趋势，并在此基础上对未来中国电力氢能技术发展路径提出布局建议。

7.1 专家访谈分析结论

本书邀请国内电力氢能领域知名专家进行专题访谈，研判全球氢能总体发展方向，通过整理专家提出的我国电力氢能领域的发展共性意见，形成本节内容。总体来看，实现低成本、高效率制氢，提升氢能应用效能并扩大应用范围，是当前氢能发展的主要方向。未来中国氢能将与电力协同互补，共同成为终端能源体系的消费主体。中国应抓住当前的氢能快速发展期，在制氢、氢能应用等主要方面实现协同稳步发展，助力国家能源结构转型和减碳目标实现。

7.1.1 全球氢能发展方向

1. 低成本、高效率的电解制氢技术是推进氢能发展的关键

（1）质子交换膜电解制氢技术是全球电解制氢项目中最受关注的技术。质子交换膜电解制氢技术是可再生能源制氢的重要技术路径。目前欧洲、美国、日本等的电解制氢以质子交换膜电解制氢为主，质子交换膜电解制氢既是氢能战略规划的部署重点，又在电解制氢研究项目中占据绝对优势，并初步实现商业化生产。该技术与碱性电解制氢技术相比，虽然成本较高，但效率高于后者。目前中国的碱性电解槽正在向灵活、可调的方向发展。质子交换膜电解制氢技术也正从实验室规模转向工业规模化应用及生产阶段，是具有较大发展潜力的电解制氢技术。

（2）固体氧化物电解制氢技术成为电解制氢领域重点研究方向。电解制氢领域技术发展的重要参考标准为材料、性能、效率和成本，综合来看固体氧化物电解制氢技术转化效率高、能耗低，可实现可再生能源大规模、长周期、高效率存储转化，此外该技术还可以电解二氧化碳或共电解制备合成气，进一步制备甲烷、甲醇等，耦合能源化工，实现碳循环。2018—2022 年其在欧美国家成为重点立项技术，且增长势头明显，是未来电解制氢领域的重点研究方向。

（3）阴离子交换膜电解制氢技术仍处于研发阶段，是广受关注的前沿技术。阴离子交换膜电解制氢技术具备催化剂和碳氢膜成本较低、与可

再生能源耦合时易操作等优势，目前在全球前沿研究中受到广泛关注，是电解制氢技术增长最快的技术方向。中国在此技术方面相关发文量增速较快，高价值专利表现较好，其中部分基础研究和技术开发正在加速攻关，有望突破实际应用中的关键材料问题。

2. 氢能应用仍以燃料电池为核心，但向更广泛行业扩展

（1）氢燃料电池技术仍是氢能应用的最主要方向。质子交换膜燃料电池和固体氧化物燃料电池是美国、日本、欧洲在战略规划和研究项目中重点部署的氢燃料电池技术，其中固体氧化物燃料电池项目增长趋势明显。美国、日本、欧洲在固体氧化物燃料电池关键技术上处于世界领先地位，并已进入商业化示范运行阶段。中国近年来也加大了对氢燃料电池技术的部署，但在固体氧化物燃料电池上起步晚、投入少，与国际先进水平仍有很大差距。

除燃料电池外，氢内燃机也是一项有较好商业应用前景并相对容易推广的技术。

（2）氢能应用从燃料电池汽车扩展至航空、船舶、电力、建筑、工业等更广泛领域。氢动力飞机和船舶是欧洲正在积极推进的氢能应用项目，利用氢能帮助传统工业部门脱碳也是一种发展趋势。从国内布局来看，氢能应用也将从现有的以氢燃料电池汽车交通为主逐渐推广到绿氢炼化、绿氢煤化工、氢冶炼、氢储能、氢能航空、氢能船舶、氢能供热及民用氢能等方面，最终形成多场景用户联动的隐形式氢能网络。未来将呈现以工业用氢为主导，多领域互联互通的氢能网络格局，共同推动终端能源脱碳化发展。

（3）有机液体等储氢技术的发展为输运氢、用氢提供重要支持。全球储氢技术呈现多元化发展的趋势，低温液态储氢和有机液体储氢项目也都呈上升趋势。在前沿研究中，金属固态储氢技术发文较多，有机液体储氢和地质储氢发文增速较快。有关领域专家认为，储氢方式将从现有的以高压气态储氢为主逐步向液氢、固态储氢、地质储氢及氢基化合物等多元化方向发展。国际主流研究机构预估液氨作为氢的存储和运输载体将会在氢能供应链发挥重要作用。

7.1.2 中国氢能发展建议

1. 谋划中国氢能发展整体路径，以清洁、高效、安全、经济为导向

（1）确立氢能发展路径，有力有序统筹布局。中国氢能未来的发展要在国家清洁能源转型框架下找准自身定位，明确氢能发展整体路径，推动有关部门制定出台行动方案和保障措施，持续跟踪和评估政策实施效果。一是确立重点突出、梯次跟进的中国氢能发展整体路径。可按照“交通领域推广为先导、核心技术突破为关键、氢能基础设施为支撑、氢能供给体系紧密衔接、其他行业应用梯次跟进”的路径，细化制定各领域路线图，并在研发、应用、标准、“放管服”改革等方面设定一批优先事项，建设一批示范项目。二是要统筹规划各地氢能产业发展规划，高效推进氢能多元示范应用。一方面，避免因支持政策过多集中在某一领域，而出现重复建设和无序竞争的风险。另一方面，加强技术示范应用的范围与规模，推动技术从实验室走向各行业应用，形成多元应用生态，尤其要重点推动绿氢在钢铁、石化、化工以及重载交通等传统高耗能行业的应用，促进传统产业脱碳升级。三是构建国内国际双循环的氢能经济体系。在发达国家频频打压中国高端产业的形势下，氢能是为数不多可进行国际合作的领域之一，应抓住这一机遇，拓展中国与海外氢能合作，加强与氢能产业强国技术交流，促进双方氢能贸易，推动中国绿氢及先进氢能设备、工程项目出口，共同制定氢能国际标准。同时，国内加快建立和完善氢能制、储、运方面的设备技术、检测和安全标准等，促进发电、建筑、工业等领域氢能多元应用的市场机制形成。

（2）通过可再生能源制氢实现绿色低碳发展是大势所趋。利用可再生能源进行电解制氢不仅能够实现零碳排放，还能够将间歇、不稳定的可再生能源转化为稳定、可控的无碳能源，促进可再生能源的消纳。虽然当前灰氢仍是主流，全球低碳排放制氢总产量不足 1%，但世界各国已加快从灰氢向蓝氢和绿氢过渡的速度。例如，我国希望到 2025 年实现可再生能源制氢 10 万—20 万吨 / 年的目标；芬兰希望到 2030 年绿氢生产能力达到 10 万—15 万吨。我国有近 130 万平方公里的荒漠，是可再生风光发电的可靠基地，加上海上风电，绿氢生产潜力极其巨大。大力加快风电、光伏等可再生能源制取绿氢技术的发展，可以合理降低绿氢的成本，有利于绿氢大规模推广应用，为国家清洁能源转型提供支撑。

（3）重点发展清洁高效、应用前景广泛的氢能关键技术。一是质子交换膜电解制氢和固体氧化物电解制氢各自优势突出，是值得重点关注的电解制氢技术。质子交换膜电解制氢具有无污染、无腐蚀、效率高、响应快等特点，能适应可再生能源发电的波动性，在国内外市场需求增长较快并拥有广阔的发展前景；固体氧化物电解制氢技术虽仍处于初期示范阶段，但其能耗低，在电转化效率上具有明显优势，是未来有前景的能源转化和储存技术。二是大规模储氢要坚持多元化发展。有机液体储氢技术具有储氢容量大、对储存材料和工艺要求低等优势，其与氢内燃机的耦合有望降低氢气成本，是对交通业产生颠覆性影响的技术。金属固态储氢具有体积储氢密度高、工作压力低、安全性能好等优势，是未来高密度储存和氢能安全利用的发展方向。地质储氢具备储能规模大、综合成本低等优势，全球发展盐穴储氢的代表国家是美国，我国则可利用丰富的深部地下空间发展深地储氢。当前，我国固体氧化物燃料电池技术与国际先进水平差距较大，应给予重视和支持。固体氧化物燃料电池的燃料来源广泛，与现有能源供应系统兼容性强，寿命长、无污染，发电效率可达80%，在大型电站、分布式发电、家用热电联供、交通运输、军事乃至调峰储能等领域均具有广阔的应用前景。

2. 电氢耦合支持构建新型电力系统

（1）电氢耦合协同能保证绿色能源安全供给。发展清洁能源的重要路径是发展清洁电能，重点是大力开发风光水电能。某些领域脱碳难以通过电能实现，氢能可帮助交通、工业等难以电气化的领域实现深度脱碳。要完全替代化石能源，还应辅之以氢能，即以清洁电力为主，以氢代煤、以氢代油，实行以氢基能源为辅的电氢耦合协调机制，以保证绿色能源的安全供给。①以电能替代为主，氢基能源为辅，其中，氢基能源是促进工业深度脱碳的工具；②根据应用场景不同，输电和氢基能源输送协同，保证绿色低碳能源的供应；③在电化学储能不适用的场景中充分发挥长周期氢储能的作用，平衡可再生能源的间歇性和波动性，保障新型电力系统的能量平衡和安全稳定运行。

（2）构建“以电为主、电氢耦合”新型电力系统。构建新型电力系统的关键在于解决更大范围和更长周期的电力电量平衡问题。要构建“以电为主、电氢耦合”的新型电力系统的物理形态。对需要氢能的行业可通过电网配送新能源到相应的地点，就地制氢，就近使用。通过“以电制氢、氢再发电”，确保新型电力系统长时间尺度的供需平衡，借助大规模氢能储电，可在晚上将我国西部富余的风电用于各基地的制氢，在白天负荷高峰时再利用氢发电。

（3）高效、稳定的氢能网络为实现氢能高效利用提供保障。良好的氢运输方式是氢能产业发展的必要前提，是实现电氢耦合协调发展的重要保障。未来随着氢能用量的增加和终端设施的普及，我国需要逐步优化氢运输方式，构建安全、经济的氢运输网络。短期内，可以采用天然气掺氢的方式，推动氢能的长距离输送。长期来看，我国应该逐渐尝试氢能主干网，统筹全国氢能产业布局，合理布局制氢设施，加快构建安全、稳定、高效的氢能供应网络。从而实现氢和电在源侧、网侧以及用户侧的耦合，助力构建新型电力系统。

7.2 小结

7.2.1 全球电力氢能发展趋势

1. 全球高度重视面向未来的氢能战略部署，电力氢能研发活动显著增加

2018—2022 年，占全球经济总量 80% 以上的国家集中发布国家级氢能战略规划，面向 2030 年或 2050 年确立氢能发展路径。在大幅提高制氢能力和加大氢能应用的目标之上，美国和欧盟均把实现氢能在能源结构占比超过 10% 作为终极目标。与此同时，全球电力氢能研究进入快速增长期，2018—2022 年发文量占 2003—2022 年的 39.1%，电氢耦合和电解制氢技术方向占比均超过 60%。中国电力氢能基础研究和技术开发高度活跃，贡献了 2018—2022 年全球 36.1% 的研究论文和 61.0% 的发明专利。

2. 电解制氢技术处于快速发展期，全球研发重点支持质子交换膜电解制氢和固体氧化物电解制氢

现行的电解制氢技术中，相关研究主要聚焦于降低成本、提高性能、扩大规模。质子交换膜电解制氢技术研究趋近成熟，在全球已初步实现商业化生产；固体氧化物电解制氢技术则是近年欧美国家的立项重点，在电解制氢项目中的占比不断攀升，在论文和专利上也大幅领先其他关键技术；阴离子交换膜电解制氢技术则相对前沿，2018—2022 年发文量和专利申请量大幅跃升，是广受关注的研究前沿。我国 2018—2022 年电解制氢研究较为活跃，技术开发活动在 2021—2022 年快速增加，质子交换膜电解制氢技术和固体氧化物电解制氢技术发展进入快车道，阴离子交换膜电解制氢技术研究热度也快速上升，但缺乏高影响力研究成果。

3. 大容量长周期储氢技术全球发展并不均衡，中国起步相对较晚

由于资源禀赋和氢能发展目标的差异，全球在储氢技术的发展上各有侧重。前沿研究以金属固态储氢技术发文量最多但研究趋于饱和，有机液体储氢技术和地质储氢技术发文量增速较快；专利布局上金属固态储氢

技术趋于成熟，地质储氢技术尚处于萌芽期。项目布局上，有机液体储氢技术占比较高，低温液态储氢技术呈现较明显上升趋势。我国在储氢技术上布局较晚，2018—2022 年保持稳定的研究活跃度，但研究影响力相对较弱。

4. 氢燃料电池是氢能应用的核心，是氢能项目布局优先方向，也最受学术界和产业界关注

质子交换膜燃料电池已实现商业化示范运行，固体氧化物燃料电池在项目布局上增势最为显著。国际上在这两种燃料电池技术的项目经费投入上明显超出其他技术，在欧盟科研框架计划中，德、法、英在燃料电池项目上的经费投入占其所有电力氢能项目经费的 47%。相应地，这两种燃料电池技术合计发文量和专利申请量占全球电力氢能领域的 60% 左右。我国虽在上述两种技术具备一定的研究影响力，但在固体氧化物燃料电池技术方面与国际先进水平仍有较大差距。

5. 电氢耦合研究在 2018—2022 年空前活跃，技术开发也进入上升期，Power-to-X 和风光制氢成为发展重点

电氢耦合技术中，2018—2022 年 Power-to-X 在全球前沿研究中最受研究者重视，且发文量增速也远超其他所有关键技术；风光制氢则是全球战略规划部署重点，同时在项目技术布局中占比最高，也是我国基础研究和项目部署的最热技术；氢能与电网互动技术开发在 2018—2022 年开始提速，专利申请量占到 2003—2022 年的 66.2%。我国 2018—2022 年电氢耦合研究处于成长期，研究影响力有待提高，但具备较快的增长潜力。

7.2.2 中国电力氢能技术发展路径布局建议

1. 确立氢能整体发展路径是我国电力氢能有序、高速发展的基础

我国要找准自身定位，把握氢能发展大趋势，严格落实国家氢能发展规划，统筹区域氢能产业布局，细化领域路线图，设立一批优先事项，建设一批示范项目。可考虑按照“交通领域推广为先导、核心技术突破为关键、氢能基础设施为支撑、氢能供给体系紧密衔接、其他行业应用梯次

跟进”的路径发展。同时，应建立好国内国际双循环的氢能经济体系，与氢能科技和产业强国建立合作关系，共同制定氢能国际标准，加大双边贸易，在氢能领域提升国际话语权。

2. 选定优先技术重点突破是我国电力氢能发展的关键

可再生能源制氢是推动能源绿色低碳转型的重要途径，美国、欧洲均确立了绿氢发展目标，并加快从灰氢向蓝氢和绿氢的过渡进程，风光制氢是各国战略规划普遍部署的重点；质子交换膜电解制氢是潜力较大的电解制氢技术，固体氧化物电解制氢技术是未来电解制氢领域的重点方向；大规模储氢应注重多元化发展，有机液体储氢技术与氢内燃机耦合可对交通行业产生重要影响，金属固态储氢是未来高密度储存和氢能安全利用的发展方向，地质储氢是解决大容量长周期储氢的有效途径；燃料电池技术事关电力、交通、工业领域发展，尤其是固体氧化物燃料电池技术具备燃料来源广泛、与能源系统兼容强、发电效率高等明显优势，是电力用氢的发展重点。我国应考虑优先投入上述重点氢能技术研发，抢占未来发展制高点，实现高水平氢能科技自立自强。

3. 通过电氢耦合构建新型电力系统，保障清洁能源安全、高效供给

我国未来的能源发展空间在于将多种能源融合联通，构建“1+1 ＞ 2”的能源发展模式。在发展清洁能源的诉求下，建立以清洁电力为主、以氢基能源为辅的电氢耦合协调机制。构建“以电为主、电氢耦合”的新型电力系统的物理形态，推动氢能在新型电力系统源、网、荷、储各环节的耦合应用，提升我国新能源消纳水平，实现电能大容量、长周期存储，实现电力、供热、燃料等多种能源网络的互联互通和协同优化，增强电网灵活调节能力，保障新型电力系统安全稳定运行。